DESCRIPTION

DES

COURBES A PLUSIEURS CENTRES

D'APRÈS

LE PROCÉDÉ DE PERRONET

TABLEAUX NUMÉRIQUES ET INSTRUCTION PRATIQUE POUR DÉTERMINER FACILEMENT
TOUS LES ÉLÉMENTS DE L'ÉPURE
EXPOSÉ DES CONDITIONS GÉNÉRALES QUI RÉGISSENT LES COURBES
APPLICABLES AU TRACÉ DES VOUTES SURBAISSÉES
ET DISCUSSION CRITIQUE DES MÉTHODES PRINCIPALES PROPOSÉES DEPUIS PERRONET

OUVRAGE UTILE

AUX INGÉNIEURS, ARCHITECTES, ENTREPRENEURS, CONDUCTEURS DE TRAVAUX
ET SERVANT DE COMPLÉMENT
AUX TRAITÉS DE PERRONET, GAUTHEY, SGANZIN ET AUTRES
CONCERNANT LA CONSTRUCTION DES PONTS

PAR

P. BRETON (DE CHAMP)

INGÉNIEUR AU CORPS ROYAL DES PONTS ET CHAUSSÉES

—◦—

PARIS

LIBRAIRIE SCIENTIFIQUE-INDUSTRIELLE

DE L. MATHIAS (Augustin)

QUAI MALAQUAIS, 15

1846

DESCRIPTION

DES

COURBES A PLUSIEURS CENTRES

D'APRÈS

LE PROCÉDÉ DE PERRONET

13002

DE L'IMPRIMERIE DE CRAPELET

RUE DE VAUGIRARD, 9

DESCRIPTION

DES

COURBES A PLUSIEURS CENTRES

D'APRÈS

LE PROCÉDÉ DE PERRONET

TABLEAUX NUMÉRIQUES ET INSTRUCTION PRATIQUE POUR DÉTERMINER FACILEMENT
TOUS LES ÉLÉMENTS DE L'ÉPURE
EXPOSÉ DES CONDITIONS GÉNÉRALES QUI RÉGISSENT LES COURBES
APPLICABLES AU TRACÉ DES VOUTES SURBAISSÉES
ET DISCUSSION CRITIQUE DES MÉTHODES PRINCIPALES PROPOSÉES DEPUIS PERRONET

OUVRAGE UTILE

AUX INGÉNIEURS, ARCHITECTES, ENTREPRENEURS, CONDUCTEURS DE TRAVAUX
ET SERVANT DE COMPLÉMENT
AUX TRAITÉS DE PERRONET, GAUTHEY, SGANZIN ET AUTRES
CONCERNANT LA CONSTRUCTION DES PONTS

PAR

P. BRETON (DE CHAMP)

INGÉNIEUR AU CORPS ROYAL DES PONTS ET CHAUSSÉES

PARIS

LIBRAIRIE SCIENTIFIQUE-INDUSTRIELLE

DE L. MATHIAS (AUGUSTIN)

QUAI MALAQUAIS, 15

1846

. . . Les grands ponts étant, ainsi que les édifices d'un autre genre, des monuments qui peuvent servir à faire connaître la magnificence et le génie d'une nation, on ne saurait trop s'occuper des moyens d'en perfectionner l'architecture. . . .

PERRONET.

Depuis qu'on a reconnu la nécessité de construire dans beaucoup de cas des voûtes surbaissées, l'art de l'ingénieur s'est enrichi successivement de plusieurs méthodes destinées à fournir les moyens de donner à ces voûtes une courbure agréable aux yeux et facile à décrire. Ce problème tire toute son importance de ce qu'il est un de ceux d'où dépend particulièrement la réputation du constructeur, laquelle sera toujours plus compromise par un défaut même léger dans les formes extérieures d'un ouvrage, que par des vices cachés qui en intéresseraient la solidité. Aussi, bien qu'il ne s'agisse au fond que d'un simple détail d'art, possède-t-on sur ce sujet des écrits nombreux et étendus.

Cependant la multiplicité de ces méthodes, au lieu d'être un avantage pour les praticiens, ne fait que les embarrasser, car chaque auteur a donné la sienne sans expliquer en quoi il la croyait préférable aux autres. De là une incertitude qu'il est bon de faire cesser; tel est le but que je me suis proposé dans cet opuscule. J'ai pensé qu'il ne convenait pas de chercher à faire prévaloir une solution nouvelle, à moins qu'elle ne fût assez simple, assez avantageuse pour être tout de suite universellement

a

adoptée, et qu'en attendant qu'un résultat si désirable soit obtenu, il fallait se contenter de choisir et d'appliquer ce que nous avons de moins imparfait.

La plupart des conditions auxquelles doivent satisfaire les courbes propres à former l'intrados des voûtes surbaissées, avaient été formulées par Perronet et Gauthey, et en mettant à profit les indications de quelques contemporains, j'ai pu réunir les principaux caractères auxquels on reconnaît si une courbe est convenable ou non.

De la comparaison ainsi rendue possible, entre les résultats que donnent les méthodes les plus connues, ressort une conclusion inattendue : c'est que le procédé de Perronet pour tracer les courbes à plusieurs centres (1), et celui d'Huygens pour les courbes à trois centres seulement, réunissent toutes les conditions voulues, tandis que ceux qui ont été proposés depuis Perronet, même les plus nouveaux, s'en écartent plus ou moins. Ces deux procédés, enseignés dans les écoles de travaux publics sous la garantie des noms justement célèbres de leurs auteurs, et mis en usage dans la construction d'un grand nombre de ponts, réunissent donc à l'avantage d'être familiers aux constructeurs celui de présenter sur tous les autres une supériorité réelle.

Mais l'épure des courbes de Perronet et d'Huygens, lorsqu'on se borne à l'établir par des opérations graphiques, conduit rarement à des résultats d'une exactitude telle qu'on doit le désirer. C'est là sans doute ce qui explique le succès de quelques méthodes dont l'application est facilitée par des tableaux numériques, propres à faire connaître immédiatement les principaux éléments qu'il s'agit de trouver. On sait combien de semblables tableaux sont d'un précieux secours dans la pratique, en per-

---

(1) *OEuvres de Perronet*, in-folio, tome **I**, page 55.

mettant d'économiser le temps, sans rien ôter au travail de la précision requise : il m'a semblé qu'on ne pouvait employer de meilleur moyen pour suppléer au défaut d'exactitude des tracés purement géométriques de Perronet et d'Huygens.

La disposition des tableaux que j'ai calculés et qui terminent cet ouvrage diffère de celle qui a été adoptée par d'autres auteurs, en ce que l'on fait entrer dans le calcul directement l'ouverture et la montée de la voûte, au lieu de leur rapport ou du *surbaissement*. De plus je suis parvenu à éviter un défaut commun à tous les systèmes de courbes où l'on emploie des nombres calculés d'avance, et qui consiste en ce que le rayon sous la clef n'y peut être déterminé que d'une seule manière, dès que l'ouverture et la montée sont fixées : or les constructeurs savent que les courbes ont un aspect plus ou moins élégant, suivant la grandeur de ce rayon, et que celle-ci dépend, entre autres circonstances, de la dureté ou de la résistance des matériaux ; il convenait donc de leur laisser à cet égard une certaine latitude.

Il est rare dans la pratique d'avoir besoin de plus de sept centres. En calculant un tableau pour le cas de onze centres, je crois avoir répondu pleinement aux exigences les plus méticuleuses.

La table des matières, très-détaillée, permettant d'embrasser d'un coup d'œil tous les développements dans lesquels j'ai cru devoir entrer, je me bornerai à un petit nombre de remarques sur le texte.

La première partie est une *instruction pratique* complète, débarrassée de tout appareil scientifique, et par conséquent mise à la portée de tout le monde. Elle renferme non seulement les règles générales, mais aussi les types de tous les calculs auxquels on est conduit lorsqu'on veut construire l'épure d'une courbe à plusieurs centres, de manière que l'entrepreneur et le conducteur de travaux puissent les exécuter aussi bien que l'ingénieur lui-même.

La seconde partie, qui forme en quelque sorte le complément de la première, se compose exclusivement d'explications sur l'établissement des tableaux numériques.

C'est dans la troisième partie que j'ai placé l'exposition des conditions principales sans lesquelles la courbe d'intrados d'une voûte ne saurait réunir l'élégance et la solidité. De telles conditions, sans être absolues, sont cependant aussi nécessaires dans les ponts que les proportions qui constituent l'architecture des autres édifices. Nous ignorons les principes fondamentaux d'où elles découlent, mais le génie des artistes et de quelques hommes privilégiés nous les révèle.

La quatrième et dernière partie renferme l'examen des principales méthodes proposées depuis Perronet; je l'ai terminée par quelques considérations sur la substitution de *Courbes continues*, proprement dites, aux *anses de panier*. Les unes et les autres sont soumises aux mêmes lois, qui serviront à juger des systèmes à venir comme de ceux que nous connaissons déjà.

TABLE DES MATIÈRES.

(1) Cette première partie contient tout ce qui est nécessaire pour appliquer la méthode de Perronet.

TROISIÈME PARTIE.

EXPOSÉ DES CONDITIONS PRINCIPALES AUXQUELLES DOIVENT SATISFAIRE LES COURBES A PLUSIEURS CENTRES POUR ÊTRE PROPRES A FORMER L'INTRADOS DES VOUTES DE PONTS.

Le rapport entre les deux rayons principaux doit demeurer compris entre certaines

QUATRIÈME PARTIE.

EXAMEN DE DIFFÉRENTES MÉTHODES PROPOSÉES POUR LE TRACÉ DES COURBES A PLUSIEURS CENTRES ET DES COURBES CONTINUES.

I. ANSES DE PANIER.

1° *Méthodes pour les courbes à trois centres.*

Systèmes anciennement connus, p. 39.

Anses de panier de M. Montluisant, p. 41.

2° *Méthode pour les courbes à plus de trois centres.*

Anses de panier de M. Kermaingaut, p. 42.

Anses de panier de M. Michal, p. 43.

FIN DE LA TABLE DES MATIÈRES.

DESCRIPTION

COURBES A PLUSIEURS CENTRES,

D'APRÈS

LE PROCÉDÉ DE PERRONET.

PREMIÈRE PARTIE.

OBJET, DISPOSITION ET USAGE DES TABLEAUX NUMÉRIQUES.

Voici comment Perronet expose sa méthode :

« L'ouverture et la montée d'une courbe étant données, on peut non-
« seulement tracer une courbe de même ouverture et montée par tant
« de centres que l'on veut, mais encore d'une infinité de manières. On
« s'est proposé de la faire à onze centres pour le pont de Neuilly, et on
« a résolu le problème de la manière suivante :

« La *figure* 1 (1) représente la courbe d'une arche du pont de
« Neuilly, composée de onze portions d'arcs de cercle, les rayons des
« extrémités de chaque arc de cercle se rencontrent aux centres C, C',
« C'', C''', C^{iv}, C^{v}. Ils rencontrent aussi le grand axe de la courbe aux
« points O, K', K'', K''', K^{iv}, C^{v}, et leur prolongement rencontre le petit
« axe prolongé aux points C, I, I', I'', I''', O, également espacés entre
« eux : les intervalles C^{v}K^{iv}, K^{iv}K''', K'''K'', K''K', K'O, sont entre eux
« comme 1, 2, 3, 4, 5. On s'est arrêté à ces conditions comme conve-

---

(1) La composition de notre planche n'a pas permis de conserver les notations de Perronet : on s'est
attaché dans cet opuscule à en adopter une plus systématique ; mais le texte des citations a été fidèle-
ment conservé.

1

« nables, mais non pas comme nécessaires : on peut les varier à l'in-
« fini; de plus, on a fait l'espace OC^v, le tiers de l'espace OC. On aurait
« pu fixer un autre rapport entre ces espaces : si l'on avait choisi celui
« de 1 à 4, la courbe aurait été moins solide, mais plus hardie et peut-
« être plus agréable.

« Si on trace une courbe par le moyen d'une figure OCC'C''C'''C^{v}C^v,
« conditionnée comme ci-dessus, mais plus petite, le demi grand
« axe ON restant le même, il est évident que cette courbe passerait au-
« dessus du point M; elle deviendrait même un demi-cercle si cette
« figure était infiniment petite; si, au contraire, elle était trop grande,
« la courbe passerait au-dessous du point M, et pourrait avoir d'autres
« inconvénients. Il suit de là que pour décrire la courbe d'une voûte
« d'ouverture et de montée données par onze centres, il ne s'agit que
« de déterminer la grandeur juste de OCC'C''C'''C^{v}C^v ou d'une de ses
« parties.

« Pour y parvenir, soit fait à part, *figure* 2, $occ'c''c'''c^vc^v$ entièrement
« semblable à OCC'C''C'''C^{v}C^v, mais de grandeur arbitraire. Par le moyen
« de cette figure toute connue et les conditions du problème, on en
« trouvera la solution ainsi qu'il suit :

« Soit, *figure* 2, $oc^v = c$, $oc = h$, CC'C''C'''C^{v}C^v $= $P, et *figure* 1,
« OC$^v = x$, OC $= y$, CC'C''C'''C^{v}C^v $= z$; les *figures* semblables donnent
« les proportions

$$c : h :: x : y = \frac{hx}{c}, \qquad c : P :: x : z = \frac{xP}{c};$$

« l'état de la question donne

$$z + N - x = y + M \ (1), \qquad \frac{xP}{c} + N - x = \frac{hx}{c} + M,$$

$$N - M = x + \frac{hx}{c} - \frac{Px}{c}, \qquad \frac{(N-M)c}{(c+h-P)} = x.$$

« On aurait pu construire cette valeur de x, pour plus de précision,
« après avoir exprimé c et h par de grands nombres : on a calculé par

---

(1) M, N sont la montée et la demi-ouverture, exprimées par les initiales des mots *montée* et *naissance*.

« les tables des sinus, la valeur de P, et ensuite celle de x ou OC' qui
« s'est trouvée de 39 pieds 10 pouces 8 lignes.

« Il est bon d'observer que si l'on eût fait $c : h :: 1 : 4$, on aurait
« trouvé à très-peu près

$$x = \frac{P}{4}(N - M).$$

« Cette expression est très-commode : la courbe qui en résulte est très-
« belle. Si cette courbe devait être beaucoup plus surbaissée que celle
« du pont de Neuilly, on y verrait aisément qu'il faudrait aussi choisir
« un plus grand rapport entre c et h.

« Si on avait voulu un plus grand nombre de centres, et choisi
« d'autres dispositions, le problème aurait encore pu se résoudre par
« un raisonnement à peu près semblable. »

Cette citation nous montre que le procédé de Perronet consiste, à
proprement parler, dans la loi suivant laquelle les divers rayons sont
situés relativement aux axes de la courbe. Tandis que les portions du
prolongement de la ligne de montée interceptées par leurs directions
sont égales entre elles, leurs rencontres avec la ligne des naissances
donnent des segments qui sont entre eux comme les nombres naturels
1, 2, 3, etc., suivant le nombre des centres.

Le rapport des quantités c, h doit être déterminé, dans chaque cas
particulier, en vue de certaines convenances du ressort de l'ingénieur;
il ne saurait demeurer le même pour tous les degrés de surbaissement
des courbes à tracer.

Enfin Perronet s'est servi de tables trigonométriques pour calculer
les diverses parties de sa figure auxiliaire; c'est un exemple à suivre.
D'ailleurs, il est aisé de se convaincre qu'en opérant graphiquement,
on ne peut espérer d'obtenir les dimensions cherchées avec la même
précision que lui, à *une ligne près* $(2^{mm}. \frac{1}{4})$.

Nos tableaux ont pour objet d'offrir aux constructeurs les éléments
numériques d'une série de figures auxiliaires, pour les cas de trois,
cinq, sept et onze centres, dans lesquelles le rapport des quantités c, h
prend des valeurs variées, de manière à répondre à tous les besoins de
la pratique.

Usage du Tableau I. — *Choix de la caractéristique.*

Pour abréger, je nomme *caractéristique* le rapport des longueurs c, h.
Dans le type du pont de Neuilly, la *caractéristique* est égale à $\frac{1}{3}$; nous
l'avons remplacée par le nombre décimal approché 0.33. Les autres
caractéristiques qui figurent dans nos tableaux sont 0.30, 0.36, 0.39,
0.42, 0.45, 0.48, 0.51, 0.54, 0.57, c'est-à-dire qu'elles sont échelon-
nées de trois en trois centièmes depuis la moindre qui est 0.30 jusqu'à
la plus forte qui est 0.57.

Le tableau I donne pour chaque *caractéristique* et pour chaque degré
de *surbaissement,* depuis 0.20 jusqu'à 0.50, le rapport du plus grand
rayon de la courbe à la demi-ouverture, rapport qui sert, en quelque
sorte, de mesure à la stabilité d'une voûte. Par la disposition donnée à
ce tableau, chaque surbaissement est suivi, sur la ligne horizontale où il
se trouve, d'un certain nombre de valeurs de ce rapport, auxquelles
correspondent autant de caractéristiques. Lorsque les matériaux sont
très-résistants et l'appareil soigné, il y a lieu de s'arrêter au plus grand
de ces nombres ; et, au contraire, quand le genre de construction
adopté fait craindre d'être trop hardi, c'est le plus petit de ces nombres
qu'il faut prendre. Entre les deux extrêmes il se trouve des termes
moyens qu'on pourra préférer suivant les circonstances.

S'agit-il, par exemple, d'une anse de panier surbaissée au quart ?
Cherchez dans la colonne de gauche le nombre 0.25 ; à la suite, et sur
la même ligne horizontale, sont les six nombres

$$2.67, \quad 2.49, \quad 2.34, \quad 2.23, \quad 2.14, \quad 2.06.$$

On a donc à choisir entre les *caractéristiques*

$$0.30, \quad 0.33, \quad 0.36, \quad 0.39, \quad 0.42, \quad 0.45.$$

L'examen des tableaux III, IV et V fera voir que les courbes, pour
chaque nombre de centres, admettent une série de huit caractéristiques, commençant à 0.36 pour cinq, à 0.33 pour sept, et à 0.30 pour
onze centres. Il en résulte que si l'on veut se borner à cinq centres,
le choix à faire ne sera possible qu'entre les quatre dernières caracté-

ristiques ci-dessus. Avec sept centres on en comptera une de plus, enfin toutes les six sont admissibles dans le système des courbes à onze centres.

Les six valeurs du rapport du rayon principal à la demi-ouverture vont en augmentant à mesure que la caractéristique diminue. Dans le cas le plus favorable à la stabilité, la rayon au sommet de la courbe différerait peu de l'ouverture même; il augmente d'un tiers en passant à la caractéristique 0.30.

Les surbaissements moins marqués conduisent à employer les plus fortes caractéristiques; prenons pour exemple 0.45 : on trouve dans les trois dernières colonnes, en face de ce nombre, 1.19, 1.18, 1.16, répondant respectivement aux caractéristiques 0.51, 0.54, 0.57. Toutes trois se trouvent dans le tableau pour cinq centres, deux seulement dans celui pour sept, et une dans celui pour onze. C'est l'inverse de ce que nous avons vu tout à l'heure à l'occasion d'une courbe surbaissée au quart. Lorsque la courbe diffère peu du plein cintre, c'est le tableau pour les courbes à cinq centres qui offre le plus de ressources, ce qui s'accorde avec les usages des constructeurs.

On remarquera que les nombres 1.19, 1.18, 1.16, trouvés dans ce dernier exemple, diffèrent peu entre eux : le choix de la caractéristique est alors d'une moindre importance, et le tableau I sert alors uniquement à en faire connaître les limites.

L'inspection de ce tableau fait voir que sa partie moyenne, qui correspond à la partie la plus usuelle de l'échelle des surbaissements, est aussi celle où le choix du constructeur trouve à se porter sur un plus grand nombre de caractéristiques différentes.

Nota. 1° Si le surbaissement ne s'exprimait pas exactement en centièmes, on y substituerait le nombre le plus voisin, ou bien on calculerait des moyennes entre les nombres donnés par les deux lignes horizontales consécutives répondant aux surbaissements entre lesquels tombe le surbaissement donné; mais le plus souvent le premier parti, plus simple, vaudra mieux.

2° Lorsque les calculs détaillés ci-dessous auront été effectués, on ne retrouvera pas toujours exactement pour le rapport du plus grand rayon à la demi-ouverture, le nombre choisi dans le tableau I. Cela tient à ce que les nombres inscrits dans ses diverses colonnes sont des moyennes entre ceux qu'on aurait obtenus en calculant séparément de semblables tableaux pour chaque nombre de centres, mais les différences sont insignifiantes, eu égard à l'objet qu'on se propose. D'ailleurs, pour ne rien laisser de trop vague, ces différences sont évaluées dans la colonne des *remarques diverses*.

Disposition et usage des Tableaux II, III, IV et V.

Le texte contenu dans chaque case de la colonne de gauche suffit pour indiquer clairement l'objet des lignes horizontales correspondantes. Le tableau II, relatif aux courbes à trois centres, ne contenant qu'une petit nombre d'éléments numériques, a donné lieu à une autre distribution qui ne peut cependant offrir rien d'équivoque.

Dans la colonne placée au-dessous de chaque caractéristique, on trouve d'abord deux nombres appelés *multiplicateurs* et désignés par les lettres F, K, puis dans les cases suivantes, en descendant, les éléments d'une même figure auxiliaire dans cet ordre :

Angles,
Rayons,
Centres,
Extrémités des arcs,
Développement des arcs d'intrados,
Surface du débouché.

Une figure indiquée en tête du tableau complète d'ailleurs le texte explicatif de manière à ne permettre aucune méprise.

Les angles sont tout calculés dans le tableau, on doit les prendre tels qu'ils s'y trouvent écrits.

Quant au surplus, il y a lieu d'effectuer quelques calculs en suivant la marche tracée ci-dessous :

1° *Multipliez la demi-ouverture par le nombre* F, *divisez le produit par la différence entre la demi-ouverture et la montée, puis retranchez du quotient obtenu la caractéristique : vous aurez un reste* ι.

2° *Formez ensuite le produit du nombre* K *par la différence entre la demi-ouverture et la montée, vous aurez un autre nombre* q.

3° *Pour obtenir l'une quelconque des dimensions linéaires de la courbe, multipliez* ι *par le nombre* v, *au produit ajoutez le nombre* u, *la somme multipliée par* q *sera la dimension cherchée.* Cette règle est la traduction de la formule $l = (\iota v + u)q$.

Nota. Le nombre u (double u) doit être regardé et traité comme toutes les autres valeurs de u. On l'a désigné ainsi parce qu'il doit servir deux fois, ainsi que cela résulte de la règle suivante.

4° *Pour obtenir la surface du débouché, multipliez* r *par* v, *ajoutez au produit le nombre* u *de la case du développement des arcs; multipliez cette somme par* ι, *et ajoutez au nouveau produit le nombre* u; *multipliez enfin cette dernière somme, deux fois de suite, par* q, *ou par* q². L'expression littérale de ce calcul est

$$A = \{ u + \iota (u + v\iota) \} \, q^2.$$

Toutes ces opérations sont fort simples; néanmoins, je crois utile d'en présenter quelques exemples, avec les remarques nécessaires pour en faciliter le mécanisme.

Application des règles précédentes au calcul d'une anse de panier à cinq centres.

Proposons-nous de calculer une courbe de $12^m,50$ d'ouverture. La demi-ouverture N étant $6^m,25$, soit la montée $M = 3^m,74$, d'où $N - M = 2^m,51$.

Le surbaissement déduit de ces données est $0,299$. Le nombre le plus voisin, dans la colonne de gauche du tableau I, étant 0.30, je trouve à la suite, au-dessous des caractéristiques du tableau III des courbes à cinq centres, cinq valeurs du rapport du plus grand rayon à la demi-ouverture, savoir, 2.07, 1.98, 1.94, 1.85, 1.80, 1.75. Admettons que la nature des matériaux et le genre de construction conduisent à choisir le nombre intermédiaire 1.98; j'en conclurai que 0.39 est la caractéristique cherchée, et, par conséquent, que la deuxième colonne du tableau III renferme les éléments numériques convenables.

Les *angles*, figure 5, sont $MCM_1 = 14° \, 34' \, 27''$; $M_1C_1M_1 = 23° \, 22' \, 48'',20$; $M_1C_1N_1 = 52° \, 2' \, 44'',80$.

Calcul des nombres ι *et* q. — L'application des deux premières règles donne $\dfrac{F \times N}{N-M} - 0.39 = \dfrac{0.298008 \times 6.25}{2.51} - 0.39 = 0.352052 = \iota$, et

$q = (N-M) \times K = 2.51 \times 3.355615 = 8.422594$.

On doit conserver 6 décimales dans ces premiers calculs, ce qui n'offre aucune difficulté tant qu'il ne s'agit que de multiplications. Mais la division par $N-M$, qui se présente dans le calcul de ι, serait pénible si $N-M$ avait un grand nombre de chiffres. Heureusement que ce diviseur n'en aura généralement pas plus de *trois*; car N et M étant presque toujours exprimés sans fraction décimale moindre que $0^m,04$, il en sera de même de $N-M$. La moindre valeur de ce nombre qui ait quatre chiffres est évidemment $10^m.01$; ce qui donnerait, dans l'hypothèse d'un surbaissement au *quart*, $2N = 40^m.04$. Si c'était le *cinquième*, on trouverait $2N = 33^m.37$. Le surbaissement au *tiers*, qui est le plus ordinaire, conduit à une arche de $60^m.06$ d'ouverture. Ces résultats sortent de la classe des constructions ordinaires et ne doivent laisser aucune inquiétude.

Tableau auxiliaire des multiples de ι et de q. — Avant d'aller plus loin, il importe d'observer que ι et q devant être employés continuellement comme facteurs, on abrégera notablement les calculs en dressant d'abord un tableau des multiples de ces deux nombres par 2, 3, 4, 5, 6, 7, 8 et 9, ainsi qu'on le voit ci-dessous :

	Multiples de ι.	Multiples de q.
1	0.352052	8.422594
2	0.704104	16.845188
3	1.056156	25.267782
4	1.408208	33.690376
5	1.760260	42.112970
6	2.112312	50.535564
7	2.464364	58.958158
8	2.816416	67.370752
9	3.168468	75.803346

Calcul des dimensions linéaires. — Rien de plus facile maintenant que d'obtenir une longueur quelconque de l'anse de panier. Nous offrons, en premier lieu, le type du calcul des rayons, pour lesquels on a $v=1$.

	1er rayon.	2e rayon.	3e rayon.
$v.v$	0.352052	0.352052	0.352052
u	1.091992	0.317057	0.000000
$vv + u$	1.444044	0.669109	0.352052
	8.422594	5.053556	2.526778
	3.369037	505356	421130
	336904	75803	16845
	33690	842	421
	337	76	17
	34	»	»
$(vv + u)\,q$....	12.162596	5.635633	2.965191
Nombres réduits...	12m,163	5m,636	2m,965

v étant égal à l'unité, vv n'est autre chose que v, auquel on ajoute u pour avoir $vv + u$. Il faut ensuite multiplier cette somme par q, ou multiplier q par cette somme; ce qui revient au même quant au résultat de l'opération, mais non quant à la facilité de l'effectuer. Pour cela, *au-dessous de* $vv + u$, *pris pour multiplicateur, on écrit les multiples de* q *correspondant à chacun de ses chiffres, de manière que le chiffre des unités de chaque multiple tombe au-dessous du chiffre considéré dans le multiplicateur.* C'est ainsi que, dans le calcul du 1er rayon, pour le 1er chiffre 4 de la partie décimale de $vv + u$, on obtient le multiple 33.690376 du nombre 9. D'après la règle qui vient d'être énoncée, je place le chiffre 6 des unités directement au-dessous du chiffre 4 qui donne lieu à ce multiple, et ainsi des autres. Il est inutile d'écrire les décimales au delà de la sixième; seulement, il faut *forcer* ou augmenter d'une unité le chiffre conservé si le dernier chiffre suivant est un 5 ou un chiffre supérieur, en exceptant le seul cas où il n'y aurait qu'un seul chiffre à supprimer. On trouve un exemple de cette exception dans le calcul du 1er rayon. Pour le produit partiel répondant au 1er chiffre décimal 4 de $vv + u$, on a écrit 3.369037, et non 3.369038, bien que le chiffre supprimé soit un 6, tandis que le dernier de ces produits est 0.000034, et non 0.000033, le premier des chiffres supprimés étant un 6. Le rang des unités une fois fixé pour ces produits partiels, il est inutile et on s'est dispensé d'écrire chaque fois les zéros nécessaires pour en compléter la signification.

2

L'addition finale donne une somme sur l'exactitude de laquelle on peut compter jusqu'à la quatrième décimale inclusivement, c'est-à-dire que toutes les dimensions linéaires sont obtenues à moins d'un dixième de millimètre, degré de précision qui ne laisse rien à désirer. La suppression de la quatrième décimale et des suivantes donne les résultats cherchés à un demi-millimètre près ; on ne peut guère demander davantage dans le tracé en grand le plus soigné. Perronet se contentait de pousser les calculs à la précision d'une *ligne*.

Le calcul des rayons n'est pas le plus simple ni le plus compliqué de ceux qu'il faut faire pour déterminer complétement les éléments d'une courbe à plusieurs centres. Le point de réunion des deux arcs consécutifs exige le calcul de deux longueurs pour lesquelles le développement complet des opérations relatives aux dimensions linéaires est indispensable, de même que pour le développement des arcs. Voici quelques types de ces calculs :

	Point M_1 de réunion du 1er et du 2e arc.		Développement
	Abscisse $M_1 Q_1$.	Ordonnée $M_2 Q_2$.	du 2e arc $M_1 M_2$.
v	0.251634	0.967822	0.408059
	0.070440	0.316846	0.140820
	17603	21123	2816
	352	2464	18
	211	282	3
	11	70	»
	1	7	»
vv	0.088588	0.340792	0.143657
u	0.274782	0.056855	0.129378
$u + vv$	0.363370	0.397647	0.273035
	2.526778	2.526778	1.684518
	505356	758033	589581
	25268	58958	25268
	2527	5054	253
	590	337	42
	»	59	»
$(u + vv) q$	3.060519	3.349219	2.299662
Nombres réduits....	$3^m,061$	$3^m,349$	$2^m,300$

Je terminerai cette application par le calcul de la surface du débouché.

Surface du débouché.

v. . . . 0.785398

$$0.246436$$
$$28164$$
$$1760$$
$$106$$
$$32$$
$$3$$

v. . . . $\overline{0.276501}$
w. . . . 0.407146
$w + v$. . . . $\overline{0.683647}$

$$0.211231$$
$$28164$$
$$1056$$
$$211$$
$$14$$
$$2$$

$v\,(w + v)$. . . . $\overline{0.240678}$
u. . . . 0.025920
$u + v\,(w + v)$. . . . $\overline{0.266598}$

$$1.684518$$
$$505356$$
$$50536$$
$$4211$$
$$758$$
$$67$$

$\{u + v\,(w + v)\}\,q$. . . . $\overline{2.245446}$

$$16.845188$$
$$1.684518$$
$$336904$$
$$42113$$
$$3369$$
$$337$$
$$51$$

$\{u + v\,(w + v)\}\,q^2$. . . . $\overline{18.912480}$
Surface du débouché. . . $18^{m.q},912$

Ces divers exemples font voir que toutes les opérations, au moyen des multiples de z et de q formés d'avance, consistent, en réalité, dans une suite de simples additions. On a, en outre, cet avantage important, que chaque résultat *final* est indépendant de tous les autres, et qu'on peut le vérifier et le rectifier, s'il y a lieu, séparément; ce qui n'arrive point quand on veut calculer l'anse de panier directement, sans le secours de tableaux semblables aux nôtres.

Pour opérer avec succès lorsqu'on veut transporter sur le dessin les résultats de ces calculs, il convient de fixer d'abord les points où les divers rayons prolongés rencontrent la ligne de montée, et ensuite ceux où ils rencontrent la courbe. Par là leurs positions sont déterminées bien plus exactement que si on employait la division de la ligne des naissances indiquée par Perronet. On construit ensuite les centres, qui doivent se trouver sur les rayons déjà tracés; et comme ils peuvent être obtenus soit par leurs coordonnées, soit en portant sur la direction de chaque rayon, à partir de la courbe, la longueur qu'il doit avoir, ces deux procédés se vérifieront l'un par l'autre.

L'épure ne sera satisfaisante que moyennant les soins les plus minutieux : il est surtout indispensable que la ligne de montée soit établie bien perpendiculairement sur celle des naissances. On remplit cette condition en opérant, autant que possible, avec le *compas*, à l'exclusion de l'*équerre*, dont la justesse est rarement suffisante dans cette circonstance; il sera prudent de ne l'employer qu'à mener des parallèles.

DEUXIÈME PARTIE.

INDICATION DES PROCÉDÉS DE CALCUL QUI ONT SERVI A LA CONSTRUCTION
DES TABLEAUX NUMÉRIQUES.

Je me propose ici d'expliquer succinctement par quels procédés ont
été construits les tableaux numériques dont on vient de voir l'usage. Le
problème à résoudre consiste à calculer tous les éléments d'une figure
auxiliaire, telle que la figure 2, de manière qu'on puisse en déduire
tout ce qu'il est important de connaître dans une courbe à plusieurs
centres.

Définition générale du système de Perronet. — Soit n le nombre des
centres, c la distance de la ligne de montée aux centres des arcs des
naissances, et h la longueur de l'excès du rayon principal sur la
montée : les autres rayons passeront par les points i, i', i''.... qui di-
visent h en $\frac{n-1}{2}$, parties égales entre elles, et partageront la longueur c,
à partir du point o, en $\frac{n-1}{2}$, intervalles inégaux formant une progression décroissante semblable à celle des nombres.

$$\frac{n-1}{2}, \qquad \frac{n-1}{2}-1, \qquad \frac{n-1}{2}-2, \ldots\ldots 3, 2, 1;$$

de sorte qu'on a

$$o k' = \frac{4c}{n^2-1}(n-1), \quad k'k'' = \frac{4c}{n^2-1}(n-3), \quad k''k''' = \frac{4c}{n^2-1}(n-5), \text{ etc.};$$

la loi de formation de ces termes est manifeste, le dernier se réduit à

$$\frac{4c}{n^2-1}.$$

Coordonnées des centres. — Nous appelons ainsi, suivant l'usage, les
distances de chaque centre à la ligne de montée et à celle des naissances. La première prend le nom d'*abscisse* et la seconde celui d'*ordonnée*, nous les désignerons, comme on a coutume de le faire, par les

lettres x, y, affectées d'indices distinctifs. Ainsi x_1, y_1 se rapporteront au centre c; x_2, y_2 au centre c', etc.

Cela posé, soit z l'indice d'un centre quelconque $c^{(z-1)}$; ce centre se trouve sur deux rayons consécutifs dont il est le point de rencontre. De là deux relations qui se déduisent sans peine de la considération des triangles semblables, et peuvent être écrites de cette manière :

$$\frac{(n-1)y_z}{(n+1-2z)h} + \frac{(n^2-1)x_z}{4z(n-z)c} = 1, \qquad \frac{(n-1)y_z}{(n+3-2z)h} + \frac{(n^2-1)x_z}{4(z-1)(n+1-z)c} = 1,$$

de sorte qu'on a entre x_z et y_z deux équations du premier degré. En leur appliquant les procédés de résolution que donne l'algèbre, on a pour les coordonnées cherchées

$$x_z = \frac{8c}{(n^2-1)} \cdot \frac{(z-1)z(n-z)(n-z+1)}{[(n+1)^2 - 2z(n-z+2)]}, \qquad y_z = \frac{h}{(n-1)} \cdot \frac{(n-2z+3)(n-2z+1)^2}{[(n+1)^2 - 2z(n-z+2)]},$$

et en attribuant à z les valeurs successives 1, 2, 3 .... $\frac{n-1}{2}$, on obtient la suite complète des valeurs de x_z, y_z.

Remarquons ici que x_z ne dépend pas de h, ni y_z de c, d'où il suit qu'en calculant, une fois pour toutes, les multiplicateurs de c et de h dans x_z et y_z, pour un certain nombre de valeurs de n, on aura résolu d'avance le problème qui consiste à déterminer la position des centres.

On a toujours, quel que soit le nombre n, $x_1 = o$, $y_1 = h$; $x_{\frac{n-1}{2}} = c$, $y_{\frac{n-1}{2}} = o$.

Voici maintenant, pour les types dont nous nous sommes occupés, les valeurs réduites de x_z et y_z.

Courbes à cinq centres $\left\{ \begin{array}{l} x_2 = \frac{1}{2}c \\ y_2 = \frac{1}{4}h \end{array} \right.$
$(n = 5)$

Courbes à sept centres $\left\{ \begin{array}{ll} x_2 = \frac{5}{18}c & x_3 = \frac{5}{7}c \\ y_2 = \frac{1}{9}h & y_3 = \frac{9}{24}h \end{array} \right.$
$(n = 7)$

Courbes à onze centres $\left\{ \begin{array}{llll} x_2 = \frac{3}{25}c & x_3 = \frac{12}{35}c & x_4 = \frac{28}{45}c & x_5 = \frac{7}{8}c \\ y_2 = \frac{16}{25}h & y_3 = \frac{12}{35}h & y_4 = \frac{9}{15}h & y_5 = \frac{1}{40}h \end{array} \right.$
$(n = 11)$

Dans le système de Perronet, les longueurs c et h sont prises arbitrairement : nous avons choisi h pour unité de longueur, et fait varier

c de trois en trois centièmes depuis 0.30 jusqu'à 0.57, tandis que Perronet s'était borné au rapport $\frac{c}{h} = \frac{1}{3}$. Ayant en vue seulement de faciliter l'application de cette méthode à la construction des *voûtes*, nous n'avons pas pensé qu'il fût convenable de faire descendre $\frac{c}{h}$ jusqu'à 0.25, comme lui-même l'avait proposé, car il en serait résulté un caractère de hardiesse excessif. Quant à la limite supérieure 0.57, on voit, à l'inspection du tableau II, que c'est à peu près le rapport $\frac{c}{h}$ adopté pour les courbes à trois centres, du système dans lequel chacun des arcs embrasse 60 degrés.

C'est avec les valeurs ci-dessus de x_z et y_z qu'on a établi la section des tableaux III, IV et V relative aux *centres*.

Rayons et angles. — Si on retranche du rayon principal CM d'une anse de panier, les côtés successifs CC′, C′C″…. figures 1, 3 et 5, à partir du centre inférieur C, on obtient tous les autres rayons. Ceux dont nous voulons ici calculer les longueurs diffèrent des rayons de l'anse de panier déterminés comme nous venons de le dire, en ce que l'on suppose le plus petit d'entre eux *nul*; nous ne considérons, en un mot, que le polygone auxiliaire de Perronet, tel que celui de la figure 2. C'est sa longueur qui forme le premier rayon de nos tableaux : on en a retranché successivement les portions cc', $cc'c''$, $cc'c''c'''$, etc., pour obtenir les 2ᵉ, 3ᵉ, etc., rayons.

Parmi toutes les manières d'effectuer le calcul de ces diverses longueurs, j'ai choisi celle qui consiste à diviser la projection verticale de chaque côté par le *cosinus* de l'angle qu'il forme avec la ligne de montée. Comme ces mêmes angles servent à faire connaître ceux qui figurent dans nos tableaux; comme d'ailleurs leurs *sinus* et *cosinus* sont utiles lorsqu'il s'agit de déterminer les extrémités des arcs de l'anse de panier, cette marche était de beaucoup la plus avantageuse.

Nommons V_1, V_2, V_3 …. les angles tels que ock', oik'', $oi'k'''$, etc., formés par les divers côtés du polygone des centres avec la ligne de montée : la loi que suivent les longueurs interceptées sur cette dernière et sur celle des naissances par les rayons donne immédiatement :

Pour les courbes à cinq centres

$$tang\ V_1 = \tfrac{2}{3}c, \quad \text{d'où} \quad sin\ V_1 = \frac{2c}{\sqrt{4c^2+9}} \quad \text{et} \quad cos\ V_1 = \frac{3}{\sqrt{4c^2+9}},$$

$$tang\ V_2 = 2c, \qquad sin\ V_2 = \frac{2c}{\sqrt{4c^2+1}}, \qquad cos\ V_2 = \frac{1}{\sqrt{4c^2+1}};$$

Pour les courbes à sept centres

$$tang\ V_1 = \tfrac{1}{2}c, \qquad sin\ V_1 = \frac{c}{\sqrt{c^2+4}}, \qquad cos\ V_1 = \frac{2}{\sqrt{c^2+4}},$$

$$tang\ V_2 = \tfrac{5}{4}c, \qquad sin\ V_2 = \frac{5c}{\sqrt{25c^2+16}}, \qquad cos\ V_2 = \frac{4}{\sqrt{25c^2+16}},$$

$$tang\ V_3 = 3c, \qquad sin\ V_3 = \frac{c}{\sqrt{9c^2+1}}, \qquad cos\ V_3 = \frac{1}{\sqrt{9c^2+1}};$$

Et pour les courbes à onze centres

$$tang\ V_1 = \tfrac{1}{3}c, \qquad sin\ V_1 = \frac{c}{\sqrt{c^2+9}}, \qquad cos\ V_1 = \frac{3}{\sqrt{c^2+9}},$$

$$tang\ V_2 = \tfrac{3}{4}c, \qquad sin\ V_2 = \frac{3c}{\sqrt{9c^2+16}}, \qquad cos\ V_2 = \frac{4}{\sqrt{9c^2+16}},$$

$$tang\ V_3 = \tfrac{4}{3}c, \qquad sin\ V_3 = \frac{4c}{\sqrt{16c^2+9}}, \qquad cos\ V_3 = \frac{3}{\sqrt{16c^2+9}},$$

$$tang\ V_4 = \tfrac{7}{3}c, \qquad sin\ V_4 = \frac{7c}{\sqrt{49c^2+9}}, \qquad cos\ V_4 = \frac{3}{\sqrt{49c^2+9}},$$

$$tang\ V_5 = 5c, \qquad sin\ V_5 = \frac{5c}{\sqrt{25c^2+1}}, \qquad cos\ V_5 = \frac{1}{\sqrt{25c^2+1}}.$$

Ces lignes trigonométriques et les angles correspondants ont été calculés par les tables ordinaires de logarithmes de Callet, et par là on peut se faire une idée juste du degré de précision des résultats que nous offrons. La même remarque est applicable à tous les calculs qui ont servi à l'établissement de nos tableaux numériques.

Pour déterminer les côtés du polygone des centres, on a fait usage des formules $cd = \frac{y_2 - y_1}{cos\ V_1}$, $c'c'' = \frac{y_3 - y_2}{cos\ V_2}$, $c''c''' = \frac{y_4 - y_3}{cos\ V_3}$, etc., qui se prêtent bien à l'emploi des logarithmes.

Extrémités des arcs. — Il peut être utile et quelquefois même indispensable de déterminer ces points très-exactement. Dans l'instruction pratique qui forme la première partie de cet ouvrage, j'ai insisté sur le caractère de précision qu'on donne ainsi à l'épure, et qu'il est fort difficile d'obtenir en se contentant de prolonger les droites CK′, IK″, I′K‴, etc., figure 1. Tout le monde sait en effet qu'on ne doit jamais regarder comme bien exacte la position d'une droite dès qu'on est réduit, pour la tracer, à prolonger une de ses parties. C'est pour éviter cet inconvénient que j'ai introduit dans chaque Tableau une section offrant les nombres nécessaires pour calculer les coordonnées des extrémités des arcs.

Soit décrit la courbe $mm'm''m''m^{iv}c^v$ avec les centres de la figure 2; le problème sera résolu si au *sinus* et au *cosinus* déjà connus de chaque angle V_z on joint les distances de chacun des points m, m', m'', ... aux lignes de la montée et des naissances; car il suffira, par exemple, pour avoir l'abscisse du point de la courbe qui répond à m'', d'ajouter à $m''q''$ le produit du rayon r de la naissance par le *sinus* de V_2. Pour avoir l'ordonnée du même point, ou sa distance à la ligne des naissances, il faut ajouter à $m''p''$ le produit $r . cos\, V_2$, et ainsi des autres points. Toute la question est ainsi réduite à calculer dans chaque type tabulaire $m'q'$, $m'p'$; $m''q''$, $m''p''$; $m'''q'''$, $m'''p'''$; etc., ce qui ne présente aucune difficulté. En effet, chacune des lignes $m'q'$, $m''q''$, $m'''q'''$, etc., est égale à la projection du rayon que l'on considère sur la ligne des naissances, augmentée de l'abscisse déjà connue du centre; et chacune des lignes $m'p'$, $m''p''$, $m'''p'''$, etc., est égale à la projection du même rayon sur la ligne de montée, diminuée de l'ordonnée également connue du centre. Ces calculs s'exécutent sans peine, attendu qu'on possède les éléments numériques nécessaires, par la résolution des questions antérieurement traitées.

Développement des arcs. — Celui qui rédige un projet de pont a ordinairement besoin de connaître le développement des diverses parties de l'intrados de la voûte. La section de nos tableaux que nous offrons pour cet objet comprend deux nombres pour chaque portion de courbe : le premier est la longueur de l'un des arcs mm', $m'm''$, etc., de la figure auxiliaire, tandis que le second exprime l'accroissement de cet arc, lorsque son rayon augmente de l'unité de longueur.

Les arcs mm', $m'm''$, etc., ont été calculés par le moyen des rayons et

3

des angles déjà obtenus. Nommons s_x, S les nombres de secondes sexa-
gésimales que contiennent l'angle qui a son sommet au centre $c^{(x)}$ et
deux angles droits, nous aurons les proportions évidentes

$$mm' : \pi . cm : : s_0 : S, \quad m'm'' : \pi . c'm' : : s_1 : S, \quad m''m''' : \pi . c''m'' : : s_x : S, \text{ etc.},$$

dans lesquelles la lettre grecque π représente le rapport de la circonférence au diamètre. On en tire

$$mm' = cm . s_0 \frac{\pi}{S}, \quad m'm'' = c'm' . s_1 \frac{\pi}{S}, \quad m''m''' = c''m'' . s_2 \frac{\pi}{S}, \text{ etc.}$$

De plus, il est bien clair que si cm, $c'm'$, $c''m''$.... augmentent respectivement de l'unité, s_0, s_1, s_2.... ne changeant pas, les arcs mm', $m'm''$,
$m''m'''$.... augmenteront respectivement des quantités $\frac{s_0\pi}{S}$, $\frac{s_1\pi}{S}$, $\frac{s_2\pi}{S}$....
d'où il suit que le calcul même des arcs sert à obtenir aussi leurs ac-
croissements relatifs à l'unité de longueur.

Lorsque par la détermination d'un dernier rayon x convenable, la
courbe est amenée au surbaissement voulu, les divers arcs sont exprimés par les formules

$$mm' + x s_0 \frac{\pi}{S}, \quad m'm'' + x s_1 \frac{\pi}{S}, \quad m''m''' + x s_2 \frac{\pi}{S}, \text{ etc.}$$

et par suite leur calcul est extrêmement facile.

Surface du débouché. — L'un des membres inscrits dans nos tableaux
exprime la surface de la figure auxiliaire comprise entre la portion de
courbe $mm'm''$.... et la ligne des naissances. Quand on connaît le
rayon x qui donne le surbaissement voulu, on obtient sans peine la surface qu'il faut y ajouter; car, d'après un théorème de *Pappus*, auquel
on a donné le nom de *règle de Guldin*, elle a pour mesure le produit
de x par la longueur de la courbe décrite avec le rayon $\frac{1}{2}x$, ou à la distance $\frac{1}{2}x$ de $mm'm''$..... Le deuxième nombre inscrit dans la section relative au débouché est celui par lequel il faut multiplier x pour avoir
l'excès de la longueur de cette courbe sur la longueur de $mm'm''$.....

Il nous reste à expliquer quel moyen a été employé pour calculer
l'aire donnée par nos tableaux. Si l'on fait la somme des secteurs cir-
culaires mcm', $m'c'm''$, $m''c''m'''$,.... et qu'on en retranche celle des

triangles rectilignes ock', $k'c'k''$, $k''c''k'''$, ... il est bien évident que la différence ne sera autre chose que l'aire cherchée. Or, les secteurs ont pour mesure la moitié du produit de leur arc par le rayon; de sorte que la première somme est

$$\tfrac{1}{2}\,(cm\,.\,mm' + c'm'\,.\,m'm'' + c'm''\,.\,m''m''' + ...)$$

La seconde est égale à l'aire comprise entre les lignes de la montée et des naissances et le polygone des centres $cc'c''c'''$.... Cette dernière se décompose visiblement en triangles $c'ci$, $c''ii'$, $c'''i'i''$, etc., dont les bases ci, ii', $i'i''$, etc., sont égales entre elles, et dont les hauteurs ne sont autres que les abscisses déjà calculées des centres c', c'', c'''. La deuxième somme a donc pour mesure l'expression

$$\frac{h}{n-1}\,(x_1 + x_2 + x_3 + ...),$$

et on voit que le calcul a dépendu des mêmes quantités qui avaient figuré dans les calculs précédents.

Des multiplicateurs. — Nous nommons ainsi deux nombres appartenant à chaque type particulier, qui servent à passer des dimensions de la figure auxiliaire à celles de la figure définitive qu'on se propose de tracer.

Ces deux figures devant être semblables entre elles, l'une quelconque des dimensions linéaires L de la seconde est à la dimension homologue l de la première comme la demi-ouverture donnée N est à $c + v$, c'est-à-dire qu'on a $L = l\,.\,\dfrac{N}{c+v}$.

D'un autre côté, le rapport de la montée M à N est exprimé, dans la figure auxiliaire, par $\dfrac{P + v - h}{c + v}$, ce qui revient à la proportion $M : N :: P + v - h : c + v$; d'où $N - M : N :: c + h - P : c + v$, et par conséquent $\dfrac{N}{c+v} = \dfrac{N-M}{c+h-P}$; de sorte que la relation entre les dimensions homologues L, l des deux figures devient $L = l\,.\,\dfrac{N-M}{c+h-P}$, et se trouve indépendant du rayon v.

Ce dernier est lui-même exprimé par la formule $v = \dfrac{N\,(c+h-P)}{N-M} - c,$

en sorte que l'on n'a besoin que de connaître les facteurs ou multiplicateurs $c+h-P$, $\dfrac{1}{c+h-P}$; tels sont les nombres que nous avons désignés par F et K, et qui se trouvent dans les tableaux II, III, IV et V, au-dessous de la caractéristique de chaque colonne.

Dans le facteur $\dfrac{N-M}{c+h-P}$ on reconnaît ce que nous avons désigné par q à l'occasion du développement des procédés pratiques du calcul de l'anse de panier.

Formes générales des expressions relatives à l'anse de panier. — On remarquera qu'une dimension linéaire quelconque de la figure auxiliaire peut être mise sous la forme $u+vr$, qui comprend deux termes, l'un constant, et l'autre proportionnel au rayon. Dans nos tableaux, nous avons placé, en regard de chaque dimension cherchée, les valeurs de u et de v dont elle dépend. Pour quelques sections, v a une valeur unique très-simple, telle que zéro, ou l'unité : alors on s'est dispensé de l'inscrire dans les colonnes; une simple mention dans le titre de la section avertit suffisamment le calculateur.

Il résulte des explications qui précèdent qu'on a $L=(u+vr)\dfrac{N-M}{c+h-P}$ $=(u+vr)q$, ainsi que nous l'avons annoncé dans la première partie de ce travail.

Pour obtenir la surface du débouché, le calcul, sans cesser d'être simple, l'est cependant beaucoup moins que lorsqu'il s'agit d'une dimension linéaire. Il faut, en premier lieu, calculer la longueur de la courbe avec le rayon $\frac{1}{2}r$, par la formule $u+vr$, u étant pris dans la section du développement des arcs. Cette valeur de u est ainsi désignée, parce qu'elle sert *deux fois*. Multipliant $u+vr$ par r et ajoutant u au produit, on a le débouché dans la figure auxiliaire.

Le débouché demandé se déduit du précédent par l'application d'un théorème de géométrie bien connu, savoir, que les aires des figures semblables sont entre elles comme les carrés des côtés homologues. Le rapport de l'aire cherchée à l'aire déjà calculée est donc exprimé par $\dfrac{N^2}{(c+r)^2}=\dfrac{(N-M)^2}{(c+h-P)^2}=q^2$.

En résumant les diverses opérations qui viennent d'être indiquées, on trouve, pour l'expression de la surface du débouché de l'anse de panier,

$$\{u + (w + \alpha)v\}\, q^{2},$$

ainsi qu'il a été dit en énonçant les règles pratiques du calcul.

TROISIÈME PARTIE.

EXPOSÉ DES CONDITIONS PRINCIPALES AUXQUELLES DOIVENT SATISFAIRE LES COURBES A PLUSIEURS CENTRES POUR ÊTRE PROPRES A FORMER L'INTRADOS DES VOUTES DE PONTS.

On peut décrire d'une infinité de manières une courbe imitant la forme d'une demi-ellipse, ayant au sommet une tangente horizontale et des tangentes verticales aux naissances. Il n'est pas difficile d'ailleurs de la composer d'arcs de cercle tellement combinés qu'elle ne présente à l'œil aucune de ces solutions désagréables de continuité dans la courbure, connues sous le nom de *jarrets*. Mais ces conditions, toutes géométriques, ne sont pas les seules qu'on doive remplir; la pratique des constructions en a indiqué d'autres non moins essentielles, qui se rapportent surtout aux rayons principaux de l'intrados. Celui de la naissance ne saurait descendre au-dessous d'une certaine limite sans compromettre le bon effet de la courbe; il faut au contraire l'augmenter autant que le permettent les circonstances, car on obtient ainsi un débouché un peu plus grand, et les retombées offrent un aspect bien plus satisfaisant. De même le rayon au sommet de la voûte ne pourrait, d'après les théories actuellement admises sur la stabilité, dépasser sans danger une certaine grandeur. Ces deux limitations en sens inverse font que la recherche des courbes propres à former l'intrados des arches de ponts est un problème moins largement indéterminé qu'il ne semble d'abord. Nous allons voir avec quelle admirable sagacité Perronet a su en tenir compte, et combien la manière dont sa méthode évite l'un et l'autre écueil mérite d'être étudiée. Les développements dans lesquels nous entrerons à ce sujet ne seront d'ailleurs pas sans utilité pour dissiper quelques nuages qui subsistent encore dans les idées qu'on a aujourd'hui sur cette matière assez délicate.

Condition relative aux naissances.

Il est toujours possible de construire une demi-ellipse qui ait la même ouverture et la même montée que la courbe cherchée. On sait en trouver les rayons de courbure, qui sont $\frac{N^2}{M}$ au sommet et $\frac{M^2}{N}$ aux naissances, M désignant la montée et N la demi-ouverture. Nommons de plus R et r le plus grand et le plus petit rayon cherchés, P le périmètre du polygone des centres, c et h ses projections sur la ligne des naissances et sur le prolongement de celle de la montée. Nous admettrons avec Gauthey, et la plupart des auteurs, que le rayon r ne doit point être inférieur au rayon de courbure correspondant de l'ellipse. On aura donc $r > \frac{M^2}{N}$. Comme $M = P - h + r$, $N = c + r$, l'inégalité précédente devient, par la substitution de ces valeurs, $r > \frac{(P - h + r)^2}{c + r}$, et il est aisé d'en tirer $r > \frac{(P - h)^2}{c - 2(P - h)}$, ce qui fait connaître la limite inférieure des valeurs de r dans l'hypothèse adoptée, et lorsque, comme d'ordinaire, les longueurs P, c, h, où les rapports de deux d'entre elles à la troisième sont donnés.

L'excès du rayon de l'anse de panier sur celui de l'ellipse correspondante est très-propre à donner une idée de l'augmentation du débouché. On calculera le rapport de chacun de ces rayons à la demi-ouverture de l'arche au moyen des formules $\frac{M}{N} \cdot \frac{c}{c - (P - h)} - \frac{P - h}{c - (P - h)}$ pour l'anse de panier et $\frac{M^2}{N^2}$ pour l'ellipse. $\frac{M}{N}$ représente ici, d'après la signification attribuée ci-dessus aux lettres M, N, le double du *surbaissement*.

Cette dernière quantité pouvant être exprimée généralement par la fraction algébrique $\frac{1}{2} \cdot \frac{P - h + r}{c + r}$, elle devient, en y substituant la valeur *minimum* de r, $\frac{1}{2} \cdot \frac{P - h}{c - (P - h)}$, d'où il résulte que, dans ce cas extrême, le rapport du rayon de courbure des naissances à la demi-ouverture serait $\frac{(P - h)^2}{[c - (P - h)]^2}$.

Le tableau ci-dessous présente la série des valeurs que donnent ces formules lorsqu'on y met à la place des lettres les nombres relatifs à chaque système de courbes appartenant à la méthode de Perronet. Pour la courbe à trois centres, on a supposé les angles formés par les rayons, de 60 degrés chacun.

CARACTÉRISTIQUES.	COURBES A TROIS CENTRES.		COURBES A CINQ CENTRES.		COURBES A SEPT CENTRES.		COURBES A ONZE CENTRES.	
	Surbaissement limite.	Rapport limite du rayon de la naissance à la demi-ouverture.	Surbaissement limite.	Rapport limite du rayon de la naissance à la demi-ouverture.	Surbaissement limite.	Rapport limite du rayon de la naissance à la demi-ouverture.	Surbaissement limite.	Rapport limite du rayon de la naissance à la demi-ouverture.
0,30	»	»	»	»	»	»	0,1503	0,0904
0,33	»	»	»	»	0,1466	0,0860	0,1657	0,1099
0,36	»	»	0,1414	0,0800	0,1608	0,1034	0,1811	0,1312
0,39	»	»	0,1543	0,0953	0,1750	0,1224	0,1968	0,1549
0,42	»	»	0,1674	0,1121	0,1892	0,1431	0,2119	0,1796
0,45	»	»	0,1805	0,1303	0,2034	0,1654	0,2273	0,2066
0,48	»	»	0,1937	0,1500	0,2176	0,1894	0,2426	0,2354
0,51	»	»	0,2069	0,1712	0,2318	0,2149	0,2579	0,2661
0,54	»	»	0,2202	0,1938	0,2460	0,2421	»	»
0,57	»	»	0,2335	0,2180	»	»	»	»
$\frac{1}{3}\sqrt{3}$	0,1830	0,1340	»	»	»	»	»	»

On voit par ces nombres combien il faut qu'une courbe soit surbaissée pour que le rayon de la naissance se réduise ou devienne inférieur au rayon de l'ellipse. La courbe de l'anse de panier s'élèvera ainsi bien plus rapidement au-dessus des naissances toutes les fois qu'il s'agira des surbaissements usités dans la pratique, et surtout lorsqu'on se conformera aux indications du tableau I, qui réunit à la destination de faire connaître le rapport du plus grand rayon à la demi-ouverture, celle de fixer, pour chaque degré de surbaissement, les caractéristiques des types qu'il convient d'employer.

Le rapport du plus petit rayon à l'ouverture pourrait être évalué numériquement au moyen de la formule $\dfrac{M}{N} \dfrac{c}{c-(P-h)} - \dfrac{P-h}{c-(P-h)}$, mais pour éviter la formation d'un tableau trop chargé de chiffres, nous avons mieux aimé rendre sensible aux yeux la marche de ce rapport par une construction géométrique très-simple. Si on pose $\dfrac{M}{N} = x$ et

$$y = \frac{M}{N} \frac{c}{c-(P-h)} - \frac{P-h}{c-(P-h)} = \frac{cx}{c-(P-h)} - \frac{(P-h)}{c-(P-h)},$$ x et y étant regardés comme deux coordonnées rapportées à des axes rectangulaires, il est visible que y n'est autre chose que l'ordonnée d'une ligne droite passant par le point pour lequel on a $x = 1$, $y = 1$. En faisant $x = 0$, y a pour valeur $-\dfrac{P-h}{c-(P-h)}$, ce qui détermine un deuxième point de chaque droite. Soient pris, figure 6, pour axes Ox, Oy, et pour unité de longueur OE; sur une parallèle à Oy menée par le point E portons $EI = OE$, le point I sera commun à toutes les droites cherchées. Pour les particulariser davantage, considérons un système quelconque de valeurs de P, c, h, celui par exemple qui est relatif aux courbes à trois centres. Comme l'expression $\dfrac{P-h}{c-(P-h)}$ donne, ainsi qu'il a été dit plus haut, le double du surbaissement *limite* qui est calculé avec quatre décimales dans le tableau ci-dessus, on trouve immédiatement $\dfrac{P-h}{c-(P-h)} = 2 \times 0,1830 = 0,3660 = OA$. De même les couples de lignes OB, Ob; OC, Oc; OD, Od, se rapportent aux caractéristiques extrêmes 0.57, 0.36; 0.54, 0.33; 0.51, 0.30, des courbes à cinq, sept et onze centres. Le faisceau entier des droites intermédiaires tomberait dans l'angle DIb.

Le rapport du rayon de courbure de l'ellipse à la demi-ouverture ayant pour valeur $\dfrac{M^2}{N^2} = x^2$, on en tracera la marche comparative en construisant sur les mêmes axes et avec la même unité de longueur la courbe qui a pour équation $y = x^2$. C'est une *parabole* qui touche l'axe Ox au point O et passe par le point I. Les coordonnées étant supposées rectangulaires, elle a pour axe la ligne Oy; il est donc aisé de la construire.

4

On voit que cette courbe, supérieure d'abord au faisceau D1*b*, le traverse de *p* en R, et lui reste inférieure jusqu'au point I ; d'où il suit, que pour les surbaissements qui répondent à ce dernier intervalle, on est assuré que le rayon de l'anse de panier est plus grand que celui de l'ellipse. Dans l'intervalle *p*R, cela n'a lieu que pour certains systèmes de courbes dont il faut choisir convenablement les caractéristiques. Le point R correspond au surbaissement limite 0,2579 des courbes à onze centres : par conséquent à partir de 0,26 jusqu'à 0,50 le surbaissement des courbes ne peut jamais faire que le rayon de courbure de leurs naissances soit inférieur à celui de l'ellipse, circonstance d'autant plus avantageuse que la plupart des surbaissements usités sont compris entre ces mêmes limites.

L'excès du rayon de la courbe sur celui de l'ellipse augmente d'abord et diminue ensuite jusqu'à zéro, ce qui arrive au point I. Le *maximum* a lieu lorsque la *dérivée* du trinôme $\frac{cx}{c-(P-h)} - \frac{(P-h)}{c-(P-h)} - x^2$ par rapport à la variable *x* est nulle, c'est-à-dire pour la valeur de *x* ou $\frac{M}{N}$ qui satisfait à la relation $\frac{c}{c-(P-h)} - 2x = 0$, d'où $x = \frac{1}{2} \cdot \frac{c}{c-(P-h)}$. La dérivée seconde se réduisant à la quantité négative -2, on est sûr d'obtenir ainsi un véritable *maximum*. Le surbaissement auquel il correspond est égal, dans chaque cas, à la moitié du surbaissement limite, augmentée de 0,25, et varie par conséquent de 0,3207 à 0,3789. Le rapport des deux rayons, exprimé par la formule $\frac{y}{x^2} = 2 \left\{ 1 - \frac{2(P-h)}{c} + \frac{2(P-h)^2}{c^2} \right\}$ varie de 1,3129 à 1,1020 lorsqu'il atteint sa plus grande valeur.

Remarquons que la portion de l'échelle des surbaissements où ce maximum a lieu est précisément celle dont l'application se présente plus souvent aux constructeurs. De sorte que notre discussion nous autorise à conclure que Perronet n'a pas seulement entrevu ou défini d'une manière vague la condition relative aux naissances, mais qu'il l'a encore remplie par sa méthode avec une rigueur toute mathématique.

Condition relative au sommet.

Les constructeurs savent qu'une courbure trop faible au sommet est défavorable à la stabilité. Cette notion les conduit à diminuer la longueur du rayon principal, mais ils ne peuvent le faire au delà d'une certaine mesure sans produire un effet disgracieux. Les défauts de cette espèce donnent à la courbe quelque ressemblance avec un arc de cercle à grande flèche, posé sur des pieds-droits peu élevés, qu'on aurait raccordés avec l'intrados par de petits arcs vers les naissances. Une anse de panier n'est convenable qu'à la condition de présenter un rayon de courbure principal qui égale au moins celui de l'ellipse ; autrement on fera mieux de lui substituer l'arc de cercle.

Nous écrirons en conséquence la relation $P + r > \dfrac{(c+r)^2}{P+r-h}$ ou, ce qui revient au même, $\dfrac{P+r-h}{c+r} \cdot \dfrac{P+r}{c+r} > 1$. D'après les notations admises ci-dessus, on peut remplacer cette inégalité par celle-ci : $\dfrac{R}{N} \cdot \dfrac{M}{N} > 1$. Les valeurs de $\dfrac{R}{N}$ que contient le tableau I satisfont à cette condition ; celles qui n'y satisfont pas ont été supprimées, et il en résulte que la plupart des colonnes ne sont remplies que partiellement et sont interrompues à la partie supérieure. Nous dirons bientôt pourquoi la même chose arrive dans la partie inférieure du tableau.

La valeur limite du surbaissement déterminée par la nouvelle condition est donnée par la formule $\frac{1}{2} \cdot \dfrac{c-(P-h)}{P-c}$ à laquelle on parvient aisément par le calcul. Il suffit pour cela de poser d'abord $\dfrac{P+r}{c+r} \cdot x = 1$, puis d'éliminer r au moyen de la relation $x = \dfrac{P+r-h}{c+r}$. On a une équation en x qui est du second degré et qui admet pour racine l'unité : cette valeur ne convient qu'au plein cintre et suppose un rayon r infiniment grand, c'est pourquoi il n'y a point lieu de s'en occuper ; la seconde racine fournit l'expression ci-dessus du surbaissement limite, et on en déduit $r = \dfrac{c^2 - P(P-h)}{2[P-c-\frac{1}{2}h]}$.

Le rapport du rayon principal à la demi-ouverture a évidemment pour valeur limite $\frac{P-c}{c-(P-h)}$. Son expression générale est d'ailleurs assez simple au moyen du surbaissement. On a $\frac{P+r}{c+r} = x + \frac{h(1-x)}{c-(P-h)}$, formule commode dont la composition montre que le rapport $\frac{P+r}{c+r}$ peut être représenté par l'ordonnée d'une ligne droite dont x serait l'abscisse. Toutes ces droites ont pour ordonnée l'unité de longueur lorsque $x=1$, et ne diffèrent entre elles que par la valeur de l'ordonnée $\frac{h}{c-(P-h)}$ qu'on obtient en faisant $x=o$. Cette valeur n'est autre chose que le nombre K consigné dans les Tableaux II, III, IV et V.

On peut également représenter la condition *limite* $\frac{P+r}{c+r}.x=1$ par une courbe, qui est une *hyperbole équilatère*, ayant pour asymptotes les deux axes des coordonnées; d'où il résulte que la courbe tourne sa convexité à l'axe des x; en d'autres termes, l'ordonnée $x+K(1-x)$ des droites que nous avons considérées tout à l'heure, surpasse l'ordonnée $\frac{1}{x}$ de l'hyperbole, entre les deux points où cette courbe est rencontrée par chacune d'elles. La *figure 7* montre la disposition de leurs divers faisceaux, suivant le nombre des centres, par rapport à la branche d'hyperbole qu'ils traversent.

Il est visible que la différence $x+K(1-x)-\frac{1}{x}$ entre l'ordonnée d'une de ces droites et celle de la courbe a un *maximum*, lequel répond à la valeur de x qui satisfait à la relation $\frac{1}{x^2}-(K-1)=o$ obtenue en égalant à zéro la *dérivée* de la différence dont il s'agit. On en tire $x=\frac{1}{\sqrt{K-1}}$, et la moitié du nombre déduit de cette expression, après y avoir remplacé la lettre K par sa valeur, est le surbaissement qui donne le *maximum*. Celui-ci a pour expression $K-2\sqrt{K-1}$, et il a lieu dans la portion de l'échelle des surbaissements comprise de 0.2738 à 0.4278, ce qui renferme les cas les plus usuels, de même que nous l'avons trouvé dans la discussion relative au rayon de courbure de la naissance.

Le rapport du rayon de l'anse de panier à celui de l'ellipse est exprimé par la formule $x[x + K(1 - x)]$, qui se réduit à $\frac{K}{\sqrt{K-1}} - 1$ lorsqu'on y fait $x = \frac{1}{\sqrt{K-1}}$ en vue du *maximum* dont il s'agit, et varie alors de 1,374 à 1,024 depuis la plus grande jusqu'à la plus petite valeur de K. Ces résultats sont propres à fixer les idées sur le degré de hardiesse que comporte l'emploi de nos Tableaux.

La condition relative au sommet, que nous venons de discuter, conduit à des limites du surbaissement différentes de celles qu'on obtient par la considération du rayon de la naissance ; c'est ce qu'on aperçoit clairement par la comparaison entre le Tableau I et celui de la page 24.

Construction graphique du surbaissement limite.

Jusqu'à présent nous avons représenté par des lignes les relations de grandeur qui ont lieu entre certaines quantités dépendant du *surbaissement;* notre but était alors d'indiquer par une image sensible la marche comparative de ces quantités. Par la construction que nous allons maintenant faire connaître, on aura le moyen de déterminer avec la règle et le compas la limite convenable du surbaissement, soit qu'il s'agisse de la naissance ou du sommet de la courbe.

Le principe sur lequel repose cette construction est fort simple. On sait que la perpendiculaire abaissée du sommet O′ du rectangle OMO′N construit sur la montée et la demi-ouverture, à la diagonale MN, détermine sur ces axes les centres A et B des courbures principales de l'ellipse. Les longueurs c, h et P étant données, si l'on imagine que le rayon principal CM reçoive diverses valeurs, ce qui donnera lieu à autant de courbes parallèles entre elles, mais de surbaissements différents, et que la même construction soit répétée pour chacune de ces courbes, toutes les droites telles que O′BA abaissées des points analogues à O′ sur les diagonales menées du sommet à la naissance, *concourront en un même point* F situé dans l'angle NOC, à la distance $c - (P - h)$ de chacun des côtés de cet angle, et par conséquent sur sa bissectrice.

Ce point isolé F est très-remarquable, et son existence pourra sembler singulière : mais il est très-facile de l'expliquer. En effet, menons FF' parallèle à CM jusqu'à la rencontre de MO' en F'; soit b le point où FF' traverse la ligne des naissances, on a, par construction, ON $=$ OM $+$ O$b =$ F'$b +$ bF, et F'O' $=$ OM, d'où il résulte que les triangles rectangles OMN, FF'O' sont égaux entre eux. Mais les côtés égaux de l'angle droit sont respectivement perpendiculaires chacun à chacun, donc les deux hypoténuses sont perpendiculaires entre elles; en d'autres termes, FO' est perpendiculaire sur MN, ou, ce qui revient au même, la perpendiculaire abaissée de O' sur MN passe par le point F. Comme la position de ce point ne dépend que de la longueur $c-(\mathrm{P}-h)$ et demeure indépendante de la montée et de la demi-ouverture, il s'ensuit que cette conclusion s'étend à toutes les courbes parallèles décrites avec le même polygone des centres.

Ceci bien compris, on remarquera que les sommets O' des rectangles construits sur la montée et la demi-ouverture se trouvent tous sur une ligne droite, prolongement de ab, d'où je conclus que le point où cette droite est rencontrée par le prolongement de CF, est le sommet du rectangle qui correspond à l'anse de panier dont la courbure au sommet se confond avec celle de l'ellipse.

De même, le sommet donné par le prolongement de la droite qui joint le point F au centre de la courbure des naissances, fait connaître l'anse de panier dans laquelle cette courbure est égale à celle de l'ellipse.

Ces constructions sont applicables à tous les systèmes d'anses de panier, quelque nombre de centres que l'on y admette.

Dans le système de Perronet en particulier, tel qu'il est reproduit par nos Tableaux, c'est la limite relative au sommet qui prédomine, de sorte que le rayon de courbure de la naissance est notablement supérieur à celui de l'ellipse. Mais on conçoit qu'avec des données différentes le même résultat pourrait cesser d'avoir lieu. Si, par exemple, la droite CF était parallèle à ab, le point de rencontre de ces deux lignes étant à l'infini, il n'y aurait pas d'autre surbaissement limite que $\frac{1}{2}$, ce qui ne convient qu'au plein cintre; on ne pourra construire alors aucune anse de panier dont le rayon principal soit plus grand que dans l'ellipse.

Remarquons aussi que le prolongement de CF peut rencontrer la ligne des naissances à une distance de la montée moindre que c : alors ce n'est plus CF qui détermine la limite du surbaissement. Il faut joindre le point F au centre de la courbure de la naissance, et cette ligne prolongée donnera, par son intersection avec le prolongement de *ab*, la limite cherchée. Dans ce cas, c'est la limite relative aux naissances qui prédomine : cela n'arrive point dans le système de Perronet.

Ces particularités conduisent à des relations très-simples entre les longueurs *c*, *h*, P. En effet, si l'on veut que CF prolongé rencontre *ab* au-dessus de la ligne des naissances, il suffira de poser C$a >$ aF, relation qui s'écrit sous la forme $P > c + \frac{1}{2}h$.

D'un autre côté, la droite qui joint le point F au centre de courbure de la naissance n'ira rencontrer le prolongement de *ab* au-dessus de la ligne des naissances que si l'on a $P < h + \frac{1}{2}c$.

Enfin il peut être intéressant de savoir quelle condition doit être remplie entre *c*, *h*, P, pour que, comme dans le système de Perronet, la condition de courbure relative au sommet entraîne celle qui est relative à la naissance. On trouve sans peine cette relation nouvelle

$$P < c + h - \frac{ch}{c+h} \qquad \text{ou} \qquad P < \frac{h^3 - c^3}{h^2 - c^2}.$$

Elle exprime que P doit être moindre que la développée de l'ellipse qui aurait les mêmes centres principaux de courbure que l'anse de panier : conclusion dont l'exactitude est facile à vérifier.

En comparant entre elles les deux inégalités $P > c + \frac{1}{2}h$ et $P < h + \frac{1}{2}c$, on aperçoit qu'elles ne peuvent être satisfaites simultanément qu'à la condition d'avoir $c < \frac{2}{3}P$ et $h > \frac{2}{3}P$, ce qui exclut tous les systèmes dans lesquels *h* serait inférieur à *c*. Nous nous bornerons à cette remarque ; on en pourrait faire beaucoup d'autres en rapprochant les diverses inégalités telles que $P > \sqrt{c^2 + h^2}$, $P < h + c$, etc., qui tiennent essentiellement au sujet. Les personnes qui voudraient s'occuper de ces sortes de recherches feront bien de s'aider de constructions géométriques, en regardant, par exemple, *c* et *h* comme deux variables et P comme une quantité donnée. Par ce moyen, et par d'autres qu'il est aisé d'imaginer, on aura divers lieux géométriques *limites*, dont les relations de position sont de nature à fournir une foule de particularités sur la solution générale du problème des courbes à plusieurs centres.

Détermination d'une limite supérieure du surbaissement.

On pourrait croire qu'à partir du *surbaissement limite* déterminé par les recherches qui précèdent, il n'y a aucun inconvénient à tracer des anses de panier d'ouverture et de montée de plus en plus grandes, parallèles entre elles, avec les mêmes centres. Mais ce serait une erreur, car si l'on en fait l'expérience, à mesure que les rayons augmentent de longueur, le sommet s'aplatit sensiblement et les courbes obtenues offrent bientôt une ressemblance fâcheuse avec le système des deux moitiés d'un plein cintre raccordées entre elles par une plate-bande. C'est là une forme à laquelle l'esprit attache inévitablement l'idée d'une moindre solidité, et on sait que la théorie se trouve d'accord avec cette opinion. D'ailleurs il est inutile d'avoir au sommet un trop grand rayon lorsque le surbaissement n'est pas très-marqué ; moins la courbe diffère du plein cintre, moins aussi elle doit différer de l'ellipse. On ne s'écarterait alors de ce type qu'en tombant dans l'inconvénient qui vient d'être signalé, et en se créant gratuitement des difficultés de tracé.

Nous croyons qu'on aura une limite convenable en s'astreignant à faire en sorte que le rapport du plus grand au plus petit rayon de l'anse de panier soit généralement inférieur et au plus égal au rapport des rayons correspondants de l'ellipse. Cette règle conduit, du moins pour la méthode de Perronet, à des résultats satisfaisants : on peut même présumer, et nous admettrons qu'elle est générale et doit être appliquée dans tous les cas.

Traduite en analyse, elle donne la relation

$$\frac{P+r}{r} < \frac{(c+r)^3}{(P-h+r)^3} \qquad \text{ou} \qquad \frac{h-(P-c)x}{cx-(P-h)} < \frac{1}{x^3},$$

où les lettres conservent la signification précédemment indiquée. On peut mettre cette inégalité sous une forme entière, et alors elle devient

$$(P-c)x^4 - hx^3 + cx - (P-h) > 0.$$

Désignons par Fx son premier membre. Pour dégager x, il faudrait résoudre l'équation $Fx = 0$, qui est du quatrième degré. Comme $x = 1$

est une de ses racines, il resterait à résoudre une équation du troisième degré, savoir $\frac{Fx}{x-1}=0$, ou en affectuant la division

$$(P-c)x^3-(c+h-P)x^2-(c+h-P)x+P-h=0.$$

Cette nouvelle équation, quoique d'un degré moins élevé que la première, a cependant le même nombre de termes. Il vaudra mieux se servir de celle-ci, sans profiter de la simplification de son degré, elle sera ainsi plus facile à discuter.

Le dernier terme de Fx étant négatif, on est sûr que $Fx=0$ a une racine négative, laquelle par conséquent ne peut nous être utile. La question est de savoir ce que sont les deux autres racines non encore connues. Pour y parvenir, considérons d'abord la suite des signes de l'équation $\frac{Fx}{x-1}=0$, et appliquons la règle de Descartes. Cette suite présente deux *variations* et une *permanence*, et en changeant le signe de x, deux *permanences* et une *variation*. Donc il n'y a qu'une seule racine négative, celle dont nous connaissons déjà l'existence : les deux autres ne peuvent être que réelles et positives, ou imaginaires.

Il s'agit maintenant de savoir dans quels cas elles sont réelles et moindres que l'unité. A cet effet nous aurons recours à la première dérivée de Fx, savoir

$$F'x=4(P-c)x^3-3hx^2+c.$$

On voit qu'en faisant $x=0$, il vient un résultat positif $+c$, tandis qu'en faisant $x=1$, on obtient $4P-3(h+c)$.

Supposons, en premier lieu, que $4P-3(h+c)$ soit négatif, il en résultera que Fx est positif avant d'arriver à zéro pour des valeurs de x moindres que l'unité; et comme Fx se réduit à une quantité négative pour $x=0$, on est en droit d'en conclure qu'il passe du négatif au positif pour une certaine valeur de x moindre que 1. Ajoutons que Fx devenant négatif lorsque x surpasse un peu l'unité, et devant nécessairement redevenir positif en faisant croître x davantage, il y a une nouvelle valeur de x qui annule Fx. Dans ce cas, les deux racines en question sont réelles, l'une est moindre, l'autre plus grande que l'unité.

Soit maintenant $4P - 3(h+c) > 0$, condition remplie par les divers types consignés dans nos tableaux numériques, la courbe à trois centres exceptée ; comme alors Fx passe du négatif au positif en même temps que x *croissant* passe par l'unité, on ne peut plus affirmer que les racines soient réelles. Cependant on est certain, si elles le sont, que toutes les deux doivent être moindres que 1, puisque Fx ne peut passer de $x = 0$ à $x = 1$, du négatif au positif, sans repasser ensuite du positif au négatif.

Lorsque la limite de surbaissement relative au sommet est suffisante et entraîne celle relative à la naissance, les deux racines sont nécessairement réelles, puisque, pour ce surbaissement même, le rayon principal de l'anse de panier est égal et le rayon de la naissance supérieur aux rayons correspondants de l'ellipse. C'est ce qui arrive dans les courbes de Perronet : aussi le tableau I est-il limité en conséquence ; chaque colonne est interrompue au point où le rapport du plus grand au plus petit rayon de l'anse de panier cesse d'être supérieur au rapport des rayons de courbure analogues de l'ellipse. Il est remarquable que la portion de chaque colonne du tableau I qui se trouve conservée pour les applications ait sensiblement la même étendue sous toutes les caractéristiques, quoiqu'elles répondent à des portions différentes de l'échelle des surbaissements. De plus, cette étendue, qui est assez grande pour satisfaire à toutes les exigences de la pratique, comprend, sous la caractéristique 0.33, qu'on peut regarder comme celle de Perronet, les surbaissements inférieurs à 0.35, c'est-à-dire ceux où, suivant l'opinion générale des constructeurs, on ne saurait se contenter de trois centres.

Si l'on voulait prolonger la partie supérieure du tableau I et descendre à des caractéristiques moindres que 0.30, on verrait, en s'imposant la loi de n'admettre aucune valeur de $\frac{R}{N}$ plus grande que 3, les colonnes à gauche de celle de Perronet avoir une moindre étendue à mesure qu'on s'éloigne de ce type si merveilleusement choisi.

Dans le cas où le surbaissement limite dépend du centre de courbure de la naissance, il est bien évident que l'inégalité ci-dessus aurait lieu dans un sens inverse, c'est-à-dire qu'on aurait $4P - 3(h+c) < 0$ à cette limite, qui n'en serait plus une; par suite, il faudrait prendre pour limites les deux racines de l'équation $Fx = 0$, comprises entre 0 et 1. Dans ce cas, on devra s'assurer par les méthodes de l'algèbre si les racines dont il s'agit sont réelles, et on les déterminera numériquement par les procédés connus.

Application aux courbes à trois centres.

Je terminerai cette troisième partie en prenant les courbes à trois centres pour l'exemple de l'application des principes développés ci-dessus.

Ces courbes sont caractérisées par la relation $P = \sqrt{c^2 + h^2}$; l'inégalité $P > c + \frac{1}{2} h$ devenant alors $\sqrt{c^2 + h^2} > c + \frac{1}{2} h$, on en tire $\frac{c}{h} < \frac{3}{4}$. De $P < h + \frac{1}{2} c$ on tirerait $\frac{c}{h} < \frac{1}{3}$. La première de ces conditions renferme donc la seconde, et comme elle se rapporte au sommet de la courbe, d'où il suit que la valeur *minimum* de r doit être déterminée par la formule $r = \frac{c^2 - P(P - h)}{2[Pc - \frac{1}{2} - h]}$, on aura pour la limite du surbaissement $\frac{1}{2} \frac{c - (P - h)}{P - c}$.

A l'égard de la limite déterminée en vue du rapport des courbures principales, on observera que la relation $4P - 3(h + c) > 0$ est satisfaite par toutes les valeurs de $\frac{c}{h}$ moindres que $\frac{7}{9 + 4\sqrt{2}}$, ou environ 0,478. Entre ce nombre et la limite $\frac{3}{4}$ trouvée ci-dessus, il n'y a donc point lieu de craindre que la courbe ne présente un aplatissement trop marqué au sommet.

Mais quand $\frac{c}{h}$ est une fraction plus petite que $\frac{7}{9 + 4\sqrt{2}}$, on a besoin de déterminer la plus grande des racines, moindres que 1, de $Fx = 0$. Soit pris pour exemple $\frac{c}{h} = \frac{5}{12}$, d'où $\frac{P}{h} = \frac{13}{12}$: l'équation à résoudre, débarrassée de la racine $x = 1$, est

$$8x^3 - 4x^2 - 4x + 1 = 0;$$

de plus, on a, par la méthode de M. Sturm, les polynomes auxiliaires successifs

$$6x^2 - 2x - 1,$$
$$4x - 1,$$
$$+1.$$

Substituant tour à tour dans ces polynomes 0 et 1 à la place de x, on trouve, quant aux signes des résultats, les séries suivantes :

$$x = 0 \qquad + \; - \; - \; +$$
$$x = 1 \qquad + + + +$$

et comme il y a dans la deuxième suite de signes deux *variations* de moins que dans la première, on est certain que l'équation proposée a deux racines réelles comprises entre 0 et 1. Par la substitution de nombres intermédiaires, ces deux racines se séparent bientôt, et on trouve pour leurs valeurs approchées 0,223 et 0,904. C'est donc entre 0,11 et 0,45 que les surbaissements pourraient être admis ; mais il est bien évident que la condition relative au sommet étant remplie, la limite qui en résulte rend inutile le plus petit des nombres qu'on vient d'obtenir. En effet, la formule $\frac{1}{2} \cdot \frac{c-(P-h)}{P-c}$ est réduite à $\frac{1}{4}$ par les données admises ici. Les surbaissements partiraient donc de 0,25, pour s'arrêter à 0,45. Mais on doit observer qu'une courbe à trois centres surbaissée au quart est toujours d'un aspect disgracieux, à cause de la brusque variation de courbure qui a lieu aux points de jonction des trois arcs dont elle se compose. Pour éviter ce défaut, il est nécessaire d'introduire une nouvelle condition. Celle qui a été proposée par M. Lerouge (1), et qui consiste à faire le moindre rayon au moins égal à P dans les courbes à trois centres, nous paraît devoir être adoptée. Elle nous conduit, dans l'exemple choisi, à ne partir que du surbaissement $\frac{7}{18} = \frac{1}{3} + \frac{1}{18}$, qui diffère peu de $\frac{1}{3}$. Les constructeurs s'accordent en effet à reconnaître que cette limite est celle où doit cesser l'emploi des courbes à trois centres.

---

(1) *Annales des ponts et chaussées*, 1839, 2ᵉ semestre ; *Mémoire sur les voûtes en anses de panier*, par M. Lerouge, ingénieur en chef des ponts et chaussées, p. 345.

Dans nos tableaux, nous avons admis le type attribué à Huygens, où les trois arcs embrassent chacun 60 degrés. Alors $\frac{c}{h} = \frac{1}{3}\sqrt{3} = 0.577350\ldots$ on a $4P - 3(r + h) = -\frac{2h}{9 + 5\sqrt{3}}$, de sorte que tous les surbaissements, à partir de la limite inférieure, qui est 0,378, sont admissibles.

La plus petite valeur de cette limite est $\frac{3}{8} = 0.375$, comme il est aisé de s'en convaincre en la cherchant par l'analyse. On voit que le système d'Huygens présente une étendue presque aussi grande que la théorie le comporte.

Le surbaissement limite, déterminé relativement au sommet, serait $\frac{1}{2}(\sqrt{3} - 1)$, ou environ 0,366, et alors la plus petite valeur de r serait h au lieu de P.

M. Lerouge, dont nous venons de citer le travail, a calculé dans ce système les deux rayons, le développement de la courbe et la surface du débouché pour tous les degrés de surbaissement, *de millième en millième*, jusqu'à la limite fixée ci-dessus par la condition $R = 2r$; mais les *Annales des ponts et chaussées* n'ont publié ces calculs que *de centième en centième*. Sans rien ôter de son mérite à cette table de M. Lerouge, nous ferons remarquer ici qu'il est peu commode d'avoir des surbaissements arrêtés d'avance; car on sait que l'ouverture et la montée d'une voûte se déterminent sans connaître le surbaissement, lequel dépend au contraire de ces données, et s'exprime rarement en *millièmes*, et moins encore en *centièmes exactement* : d'où il résulte qu'à moins d'un calcul d'interpolation, la table de M. Lerouge et toutes celles où le surbaissement est employé comme *argument* ou comme variable principale, ne feront généralement connaître l'anse de panier à trois centres qu'avec une approximation peu satisfaisante.

Le système de Perronet n'a pas cet inconvénient, puisque le surbaissement ne figure point parmi les éléments des figures auxiliaires. Les règles par lesquelles on l'applique emploient directement la montée et l'ouverture, quelque compliqué que puisse être leur rapport exprimé en fraction décimale.

Résumé de la troisième partie.

En récapitulant ce que nous avons dit du système de Perronet, relativement à la manière dont il remplit les diverses conditions qui conviennent aux anses de panier, nous arrivons aux conclusions suivantes :

1° Les rayons, aux naissances et au sommet des courbes de Perronet, surpassent les rayons correspondants de l'ellipse, et les différences atteignent leurs plus grandes valeurs dans la portion de l'échelle des surbaissements que les constructeurs ont le plus souvent occasion d'employer.

2° Le rapport du plus grand au plus petit rayon peut être choisi, dans les limites de la pratique, inférieur au rapport des rayons de courbure principaux de l'ellipse, et en s'arrêtant au point où ces deux rapports deviennent égaux on a des courbes dont la forme réunit la solidité et l'élégance.

3° Le surbaissement le plus prononcé pour les courbes à trois centres est 0.375 ; le système d'Huygens, où les arcs embrassent chacun 60°, peut être appliqué pour le surbaissement 0.378, et à partir de cette limite jusqu'au plein cintre. Dans tous les systèmes de courbes à trois centres, il faut que le plus grand rayon n'excède pas le double du plus petit.

4° Les conditions relatives au sommet et aux naissances que remplissent les courbes de Perronet ne seront réalisées dans d'autres courbes que si l'on a les inégalités

$$\mathrm{P} > c + \tfrac{1}{2}h \ \text{ et } \ \mathrm{P} < h + \tfrac{1}{2}c.$$

5° La condition relative au sommet entraînera celle de la naissance dans tous les systèmes où l'on aura

$$\mathrm{P} < c + h - \frac{ch}{c+h} \ \text{ ou } \ \mathrm{P} < \frac{h^3 - c^3}{h^2 - c^2}.$$

6° Dans les courbes à trois centres, on doit avoir $c < \tfrac{3}{4}h$; et lorsqu'on admet plus de trois centres, aucun système n'est admissible si l'on a $c < h$.

———

QUATRIÈME PARTIE.

Jusqu'à présent, nous n'avons fait que montrer le mérite éminent
du système de Perronet. Dans ce qui va suivre, nous examinerons les
principales méthodes connues pour résoudre le problème de l'anse de
panier, surtout celles qui ont été rendues plus facilement applicables à
l'aide de tableaux numériques. A cette partie de notre travail, nous
ajouterons quelques considérations sur l'emploi des courbes continues
autres que le cercle, sujet qui se rattache naturellement à celui des
courbes à plusieurs centres.

I.

ANSES DE PANIER.

1° *Méthodes pour les courbes à trois centres.*

Systèmes anciennement connus.

Nous avons admis dans nos tableaux celui qui consiste à composer
la courbe des trois arcs embrassant chacun 60 degrés. Ce qui nous a
déterminé à ce choix, indépendamment des avantages que la discussion y fait reconnaître, c'est que la construction en est connue depuis
longtemps et enseignée dans les écoles de travaux publics.

Cependant on y enseigne également une autre construction, dont se
servent souvent les appareilleurs, dans laquelle la ligne CC', figure 4,
est perpendiculaire à MN. Bossut a démontré par le calcul que, moyennant cette condition, la différence de courbure, en passant d'un arc à
l'autre, est la moindre possible. Dans ce système, le rayon des naissances est toujours plus grand que dans l'ellipse, et, au contraire, celui
du sommet plus petit. On devait s'attendre à ce résultat, car CC' étant
par construction parallèle à la ligne qui joint les centres principaux de
courbure de l'ellipse, les deux rayons de cette courbe ne sauraient
être en même temps moindres que ceux de l'anse de panier.

La limite inférieure du surbaissement, déterminée de manière que le rayon du sommet soit au moins double du plus petit, est $\frac{3}{8}$ ou 0.375. Dans ce cas, la différence entre le rayon principal de l'anse de panier et celui de l'ellipse est égale au *douzième* de la demi-ouverture ; et la différence en sens inverse des rayons de la naissance dans les mêmes courbes en est le *seizième*. On ne s'écarte donc pas sensiblement de l'ellipse, et en se bornant aux surbaissements compris entre $\frac{4}{2}$ et $\frac{3}{8}$, les courbes obtenues n'offriront assurément rien de désagréable.

Tant que la montée diffère peu de la demi-ouverture, toutes les méthodes qui conduisent à des rayons principaux presque égaux à ceux de l'ellipse, peuvent être employées sans inconvénient, bien qu'elles ne satisfassent pas, en quelques points, aux conditions que nous avons présentées comme essentielles, la nécessité ne s'en faisant sentir que pour des surbaissements assez prononcés.

Dans le système que nous avons adopté, on parvient facilement à exprimer toutes les quantités comprises au tableau II, au moyen de l'irrationnelle $\sqrt{3}$. En effet on s'assure sans peine que *la somme des rayons est égale à l'ouverture* ; j'écris, en conséquence, $R + r = 2N$, et à cause que les trois centres sont les sommets d'un triangle équilatéral, j'écris d'autre part la relation $R - M = (N - r)\sqrt{3}$. De ces deux équations du premier degré entre R et r, on tire les valeurs de ces inconnues, savoir

$$r = \left(\frac{M+N}{2}\right) - \left(\frac{N-M}{2}\right)\sqrt{3}, \qquad R = \left(\frac{3N-M}{2}\right) + \left(\frac{N-M}{2}\right)\sqrt{3},$$

et par conséquent

$$M_1Q_1 = \tfrac{1}{2}R, \qquad M_1P_1 = \frac{r}{2}\sqrt{3} = \left(\frac{M+N}{4}\right)\sqrt{3} - \left(\frac{3M-N}{4}\right);$$

la longueur des divers arcs et la surface du débouché ne s'expriment pas moins facilement, car on a

$$M'N = \tfrac{1}{3}\pi r = \tfrac{1}{6}\pi[M + N - (N - M)\sqrt{3}], \quad M_1N' = \tfrac{1}{3}\pi R = \tfrac{1}{6}\pi[3N - M + (N - M)\sqrt{3}]$$
$$NN_1M_1M'N = \tfrac{1}{6}\pi(R^2 + 2r^2) - (R - M)(N - r).$$

Toutes ces formules contiennent la quantité irrationnelle $\sqrt{3}$ qu'on ne peut obtenir que par approximation.

On pourrait exprimer les longueurs r, R, M_1Q_1, M_1P_1, par des formules débarrassées de toute quantité irrationnelle, en choisissant le triangle OCC' de manière que ses trois côtés soient représentés par des nombres entiers. Soit pris, par exemple, $\frac{c}{h} = \frac{5}{12}$, $\frac{P}{h} = \frac{13}{12}$, il vient

$$r = \tfrac{1}{4}(5M - N), \quad R = 3N - 2M, \quad OC' = \tfrac{h}{4}(N - M), \quad OC = 3(N - M),$$
$$M_1Q_1 = \tfrac{5}{13}(3N - 2M), \quad M_1P_1 = \tfrac{3}{13}(5M - N).$$

La simplicité de ces expressions fait regretter la complication de celles qui se rapportent aux angles, aux arcs et au débouché. En effet, l'angle M_1CM au lieu d'être de 30° en nombre rond, est de 22°37′12″. Il faudrait donc, pour compléter ce système, calculer des formules pour les arcs du sommet et des naissances et pour les secteurs M_1CM', $M'C'N$.

Il y a une infinité de manières de disposer des côtés OC', OC du triangle OCC', de telle sorte qu'en les exprimant par des nombres entiers, l'hypothénuse CC' soit également exprimée par un nombre entier. Mais ce qu'on gagne en simplicité d'un côté se perd de l'autre; le système que nous avons choisi est donc, en résumé, le plus simple de tous lorsqu'on se propose de connaître tout ce que nos tableaux donnent le moyen de calculer. Nous avons fait connaître d'ailleurs qu'il satisfait, dans l'étendue entière de l'échelle des surbaissements admissibles pour les courbes à trois centres, à toutes les conditions que doit remplir un tracé bien combiné.

Anses de panier de M. Montluisant.

On trouve dans la deuxième collection lithographique des ponts et chaussées, un tableau contenant des résultats numériques tout calculés pour tracer l'anse de panier à trois centres, de manière que les arcs soient à peu près égaux entre eux. L'auteur a supposé que l'œil, ne s'arrêtant pas plus sur un arc que sur l'autre, apercevra moins facilement le passage brusque d'une courbure à la suivante. Cette manière de voir serait fondée si l'on rendait apparente la division d'une voûte en portions de courbures inégales par le moyen de voussoirs saillants ou par tout autre moyen propre à remplir le même objet : alors l'égalité de longueur des arcs serait probablement d'un effet agréable.

Quoi qu'il en soit, l'inspection du tableau (1) calculé par M. Montluisant donne lieu aux remarques suivantes :

(1) La quantité prise pour variable dans le tableau en question, est le rapport du plus grand au plus

1° L'exclusion des cas où le plus grand rayon excède deux fois le plus petit ne permet d'en conserver que onze, savoir, ceux où le rapport de ces deux rayons a pour valeurs successives 1, 1.10, 1.20 ...... 1.90, 2.

2° Si l'on exigeait, ce qui n'est pas indispensable pour les surbaissements faibles, que le rayon principal fût supérieur à celui de l'ellipse, il ne resterait que les quatre cas 1, 1.10, 1.90, 2; le premier, qui n'est autre que le plein cintre, est commun à tous les systèmes; on serait donc réduit, en dernière analyse, à trois cas seulement.

2° *Méthodes pour les courbes à plus de trois centres.*

Anses de panier de M. Kermaingant.

Faire que les arcs soient égaux entre eux, et que les rayons forment une progression géométrique, telles sont les conditions que remplissent deux tableaux calculés par M. Kermaingant pour les courbes à cinq et sept centres, et placés à la suite de celui qui vient de nous occuper.

Tableau pour les courbes à cinq centres. — Le rapport des courbures principales s'y trouve renfermé dans les limites convenables.

Mais en comparant les rayons principaux à ceux de l'ellipse, on trouve que les conditions voulues ne sont pas satisfaites dans les cas où le rapport de la demi-ouverture à la montée s'abaisse au-dessous de 1.21, c'est-à-dire lorsque le surbaissement est compris entre $\frac{1}{2}$ et 0.41. Toutefois l'inconvénient que peut alors offrir l'emploi de ce tableau est à peu près nul, attendu que les rayons R et r diffèrent entre eux d'une quantité trop petite pour que la courbe s'écarte sensiblement de l'ellipse. Quant aux valeurs plus fortes de $\frac{R}{r}$, qui comprennent 16 cas, et répondent à la portion de l'échelle des surbaissements comprise de 0.413 à 0.25, on reconnaît qu'elles donnent des anses de panier entièrement conformes au type qu'on a pu se former d'après les recherches qui précèdent sur celles de Perronet.

Tableau pour les courbes à sept centres. — Les surbaissements de ce tableau vont de $\frac{1}{2}$ à 0.243, et les rayons principaux, dans cette étendue

petit rayon. Ce rapport varie par différences de 0,10 depuis 1 jusqu'à 3, et de 3 à 8 par différences égales à 1.

de l'échelle, surpassent constamment les rayons analogues de l'ellipse. Mais le rapport des premiers pour les cinq surbaissements extrêmes surpasse un peu celui des derniers; les constructeurs qui aiment une certaine hardiesse emploieront ces courbes avec succès.

Les anses de panier de M. Kermaingant sont fort belles lorsque le surbaissement en est assez marqué; toutefois on s'assure aisément que le rayon de la naissance n'atteint généralement pas la grandeur du même rayon dans les anses de panier décrites par la méthode de Peronet, les rayons au sommet ayant la même grandeur dans l'un et l'autre système.

Anses de panier de M. Michal.

La publicité donnée par les annales des ponts et chaussées (1) à plusieurs tableaux numériques, calculés par M. Michal, me fait un devoir de les discuter ici, afin de montrer quelles sont les conditions remplies par cet auteur. Il a considéré les systèmes de courbes à cinq, sept et neuf centres, dans deux hypothèses, savoir, celle où tous les arcs embrassent des angles égaux entre eux et celle où les arcs eux-mêmes sont égaux.

Dans le premier cas, on trouve :

Que *le tableau pour les courbes à cinq centres* satisfait à toutes les conditions indiquées comme nécessaires;

Et que *ceux pour les courbes à sept et à neuf centres* conduisent à un rayon principal inférieur à celui de l'ellipse.

Dans le deuxième cas, où les arcs sont d'égale longueur, on arrive aux conclusions suivantes :

Pour les courbes à cinq centres, le rapport des rayons principaux est plus grand que dans l'ellipse, les trois derniers surbaissements exceptés;

Pour les courbes à sept centres, le rapport est constamment plus grand que dans l'ellipse;

Enfin, *pour les courbes à neuf centres*, il n'y a que les deux premiers surbaissements qui conduisent à un rapport des rayons principaux

(1) 1831, 2ᵉ semestre. *Notice sur les courbes en anse de panier employées dans la construction des ponts*, par M. Michal, ingénieur des ponts et chaussées, pages 49 et 61.

moindre que dans l'ellipse. Quant aux courbes résultant des quatre autres surbaissements, non-seulement elles donnent le rapport plus grand que dans l'ellipse, mais encore le rayon principal y dépasse le *triple* de la demi-ouverture.

La comparaison des anses de panier de M. Michal avec celle de Perronet, en tant du moins que les premiers ont leur rayon principal supérieur à celui de l'ellipse et égal à celui des dernières, fait voir que le rayon à la naissance des courbes de Perronet est sensiblement plus grand, de sorte que celles-ci, avec une égale stabilité, offrent plus de débouché.

Anses de panier de M. Lerouge.

L'auteur de ce système, déjà cité à la page 36, a calculé des tableaux, non-seulement pour les courbes à trois centres, mais aussi pour celles à cinq, sept, neuf, onze et quinze centres. Les conditions qu'il s'est imposées consistent à faire en sorte que tous les arcs embrassent des angles égaux entre eux, tandis que les rayons forment une progression arithmétique : d'où il résulte que ces courbes ne sont autre chose que des développantes de polygones réguliers.

M. Lerouge a pris soin de faire connaître les relations de grandeur qui existent entre leurs rayons principaux et ceux de l'ellipse, le rayon de la naissance étant déterminé de manière à n'être pas inférieur au côté du polygone *développé*. Ce rayon, pour les courbes à cinq centres, surpasse le rayon correspondant de l'ellipse, pour tous les surbaissements compris dans leur tableau, le premier excepté; mais le contraire arrive pour les autres courbes, lesquelles offrent ainsi aux naissances moins de débouché que l'ellipse.

A l'égard du rayon principal, il est plus grand que dans l'ellipse, à partir du surbaissement 0.38 jusqu'à 0.45 inclusivement, quel que soit le nombre des centres; pour les surbaissements plus marqués, c'est le contraire qui arrive.

Dans ce système, les surbaissements admissibles, d'après M. Lerouge, sont compris entre $\frac{1}{2}$ et 0.30; de sorte qu'il ne peut servir à tracer les courbes plus surbaissées, comme l'anse de panier du pont de Neuilly, par exemple, dont la montée est le quart de l'ouverture.

Le rayon de courbure de la naissance étant moindre que le rayon analogue de l'ellipse, on doit s'attendre à une relation semblable dans les débouchés : M. Lerouge nous apprend en effet que le débouché de ses courbes est moindre que celui de l'ellipse, sans que cependant la différence s'élève à $\frac{1}{100}$ du carré de l'ouverture dans le cas le plus défavorable.

Ce résultat pourrait faire croire insignifiant l'avantage d'un débouché plus grand présenté par le système de Perronet; pour fixer les idées sur ce point, je donne ici les débouchés comparatifs correspondant au surbaissement 0.34, en supposant les anses de panier décrites avec sept centres.

> Anse de panier de Perronet. 0.272159
> Ellipse 0.267035
> Anse de panier de M. Lerouge. 0.264004

l'excès du débouché de Perronet sur celui de l'ellipse peut être évalué dans cet exemple à $\frac{1}{52}$ et sur celui de M. Lerouge à $\frac{1}{33}$. On sait d'ailleurs qu'il est proportionnel au *carré* de l'ouverture; il a donc une certaine importance dans les grandes arches.

Ce que nous venons de dire sur le système de M. Lerouge ne s'applique point à ses courbes à trois centres, qui se confondent avec celles du système attribué à Huygens, et dont nous avons parlé ailleurs, en signalant quelques-unes de leurs propriétés que les tableaux de M. Lerouge serviront à vérifier.

Il serait superflu d'insister davantage sur les anses de panier provenant du développement d'un polygone régulier. Les inconvénients de toute nature, inhérents aux courbes formées d'après ce procédé, ne sont point compensés, à notre avis, par cette élégante simplicité de la théorie ou du calcul, dont ceux qui ont sous les yeux la voûte d'un pont ne tiennent malheureusement aucun compte dans leur jugement.

II.

COURBES CONTINUES.

Jusqu'à présent les constructeurs ont préféré les anses de panier, composées d'arcs de cercle dont la courbure varie brusquement au passage de l'un à l'autre, aux courbes proprement dites, dont la courbure change par degrés insensibles. Parmi les causes qui ont amené cet usage, on doit mettre en première ligne le défaut presque absolu de notions sur les courbes autres que le cercle, à l'époque où l'art d'édifier les ponts a fait ses progrès les plus remarquables. Alors la connaissance des sections coniques ne se trouvait guère que chez les savants de profession, à plus forte raison ignorait-on les propriétés des autres courbes parmi lesquelles il s'en fût rencontré certainement de très-propres à remplacer avantageusement l'anse de panier. L'emploi de cette dernière a donc prévalu naturellement, et quand l'école Polytechnique dut plus tard alimenter le corps des ingénieurs, ceux-ci voulurent utiliser la haute instruction dont ils étaient pourvus, et substituer à l'anse de panier des courbes exemptes des inconvénients qui leur sont reprochés surtout par les géomètres. Mais ils avaient à vaincre l'habitude, et se présentaient d'ailleurs avec cet appareil algébrique de la géométrie de Descartes à laquelle les autres constructeurs sont, pour la plupart, entièrement étrangers, tandis qu'il aurait fallu offrir tout d'abord des procédés d'un usage tellement commode qu'on abandonnât aussitôt, pour les adopter, les méthodes antérieurement établies. Aussi leurs efforts ont-ils échoué; de plus, comme il arrive en beaucoup d'autres choses, on a trouvé des motifs, en apparence plausibles, de conserver l'anse de panier indépendamment de la facilité de sa construction : on objecte, par exemple, contre l'emploi des courbes continues, la variation de courbure d'un voussoir à l'autre, et même dans l'étendue d'un seul voussoir, ce qui rendrait nécessaire d'avoir un nombre considérable de *panneaux* d'une coupe difficile. L'ellipse *apollonienne* étant d'ailleurs la seule courbe dont l'application ait été proposée pendant longtemps, on l'a repoussée comme donnant un débouché moindre que l'anse de panier.

C'est par une étude persévérante des moyens de tracer des courbes ovales d'un mouvement continu que les ingénieurs parviendront à trouver une solution satisfaisante de ce problème intéressant ; car ils ne doivent pas perdre de vue que la pratique n'accueillera, même sous la garantie de la science, que des procédés assez simples pour être accessibles aux appareilleurs et aux ouvriers.

Quelle que doive être cette solution, il ne sera pas sans utilité de rappeler les principaux tracés proposés jusqu'à présent, et d'en examiner sommairement les propriétés. Cette étude aura l'avantage de compléter d'ailleurs les notions que nous avons résumées sur divers systèmes d'anses de panier, en montrant dans les lignes courbes qui ont servi ou pourraient servir de types à quelques-uns, la source de leurs imperfections.

Tracés elliptiques.

Sous ce titre nous désignons les tracés qui dérivent immédiatement de l'ellipse, et donnent au besoin cette courbe elle-même.

Ellipse.

On a longtemps regardé et on regarde encore généralement cette courbe comme la plus convenable pour l'intrados des voûtes surbaissées. Monge a dit, à l'occasion de ses études sur l'*ellipsoïde*, que l'ellipse est la plus gracieuse et la plus élégante des figures *ovales :* cette opinion, qui pouvait être vraie dans les circonstances que l'illustre géomètre avait en vue, a été étendue par les ingénieurs aux voûtes des ponts. Prony et Navier partageaient ce sentiment, et dans ces derniers temps, M. Cousinery s'est réuni à ces deux autorités imposantes pour faire prévaloir le type elliptique. Cependant Perronet en avait signalé les défauts, et notamment celui qui consiste dans le décroissement trop rapide des cordes horizontales, à mesure qu'on l'élève vers la clef. Le rayon principal ne dépendant que de la montée et de l'ouverture, on ne peut en disposer de manière à donner à la courbe plus ou moins de hardiesse et de débouché, suivant que la résistance des matériaux et le genre de construction adopté le permettent.

Tout le monde aujourd'hui sait construire une ellipse : Prony s'était d'ailleurs occupé des moyens d'effectuer le tracé en grand de cette courbe (1); ils consistent principalement à déterminer un grand nombre de tangentes, dont les intersections successives ou l'*enveloppe* ne sont autre chose que l'ellipse. Ces procédés, qui exigent des calculs faciles mais multipliés, ne paraissent pas avoir eu beaucoup d'applications.

Courbe de M Picot (2),

Une propriété importante de cette courbe consiste en ce que le rapport des rayons de courbure principaux, est le même que dans l'ellipse. Le rayon du sommet a pour limites $\frac{N^2}{M}$ et $\frac{N^4}{M^3}$; les limites correspondantes du rayon de la naissance sont $\frac{M^2}{N}$ et N. On doit observer ici que ce rayon ne peut atteindre une valeur supérieure à M, telle que N, à moins qu'il n'y ait, de la naissance au sommet, un point où la courbure devient un *maximum* : le rayon de courbure commence effectivement par décroître, pour croître ensuite jusqu'à sa valeur principale relative au sommet. On a ainsi des courbes affectant la forme d'un rectangle arrondi à deux de ses angles, type proposé par quelques constructeurs géomètres (3), mais peu ou jamais appliqué.

La courbe de M. Picot, en nommant m, n, l'ordonnée et l'abscisse d'un de ses points rapportés aux lignes de la montée et des naissances, a pour équation

$$N^2L^2m^2 + M^2L^2n^2 - (L^2 - M^2)n^2m^2 = L^2M^2N^2,$$

où L est un *paramètre* arbitraire dont la grandeur des rayons principaux dépend.

La figure 8 représente la construction comparée de cette courbe et de l'ellipse. Décrivez du centre O, avec les rayons OM, ON, deux demi-circonférences; on sait qu'en menant une droite OPQ à volonté, qui rencontre en P, Q ces deux courbes, et abaissant Qa, Pe, perpendi-

(1) *Annales des ponts et chaussées*, 1834, 2ᵉ semestre. — *Note sur l'application de la théorie des solutions particulières des équations différentielles à des questions qui intéressent la pratique de l'art de l'ingénieur*, par M. de Prony, inspecteur général des ponts et chaussées, pages 97-108.

(2) *Annales des ponts et chaussées*, 1832, 2ᵉ semestre. — *Notice sur la construction du pont du Sault du Rhône*, etc., par M. Picot, ingénieur des ponts et chaussées, pages 151-154.

(3) Cousinery, *le Calcul par le trait*, appendice, pages 24 et 28.

culaires sur ON et OM, le point e d'intersection de ces deux perpendiculaires appartient à l'ellipse. La construction de la courbe proposée par M. Picot ne diffère de celle de l'ellipse qu'en ce qu'on y substitue à la demi-circonférence du rayon OM, une demi-ellipse LP'ML,, dont la demi-ouverture est le paramètre L qui figure dans l'équation ci-dessus. On a choisi à dessein une courbe très-sensiblement aplatie au sommet, afin de mettre en évidence la loi des courbures à partir de la naissance, ou, ce qui revient au même, la forme de la développée.

Toroïde.

On pourrait satisfaire assez bien aux conditions requises pour le tracé d'une voûte surbaissée, en le formant d'une courbe parallèle à l'ellipse, c'est-à-dire qui en soit partout également distante; nous la nommons *toroïde* parce qu'elle est identique avec le *contour apparent* de la projection d'un *tore* sur un plan. Ce contour, considéré dans toute sa généralité, se compose de deux branches, l une toujours extérieure à l'ellipse, et la seconde intérieure à la première, et pouvant, selon les cas, présenter des points de rebroussement. Nous ne parlerons ici que de la branche extérieure, que sa forme ovale rend seule propre aux applications que nous avons en vue.

Il résulte de la définition de la toroïde que cette courbe a la même *développée* que l'ellipse parallèle : si donc elle lui est extérieure, les rayons principaux de la première seront l'un et l'autre plus grands que ceux de la seconde.

PROBLÈME. *Étant donné la montée* M *et la demi-ouverture* N *d'une toroïde, ainsi que le rayon principal* R, *trouver la montée* m *et la demi-ouverture* n *de l'ellipse intérieure parallèle.*

Tout se réduit à déterminer la distance l des deux courbes. On a évidemment

$$M = m + l, \quad N = n + l, \quad R = \frac{N^2}{M} + l,$$

d'où l'on tire

$$l = \frac{RM - N^2}{R + M - 2N}, \quad m = \frac{(N - M)^2}{R + M - 2N}, \quad n = \frac{(N - M)(R - N)}{R + M - 2N},$$

expressions commodes pour le calcul , et se prêtant à des constructions géométriques faciles à trouver.

Le rayon r de la naissance a pour longueur $\dfrac{m^2}{n} + l;$ cette expression devient, après réductions ,

$$r = M - \frac{(N-M)^2}{R-N},$$

formule qui met en évidence cette propriété de la toroïde, d'avoir sa montée même pour limite du rayon de courbure à la naissance.

L'arc de toroïde s'obtient en ajoutant à l'arc d'ellipse compris entre les normales extrêmes la portion de circonférence de rayon l, qui répond à un angle au centre égal à celui des normales.

La surface du débouché n'est pas moins facile à calculer ; car elle se compose : 1° de la portion du débouché de l'ellipse comprise entre l'arc de cette courbe et les deux normales extrêmes, et 2° de l'aire comprise entre les mêmes normales et les deux arcs parallèles d'ellipse et de toroïde. La mesure de la première de ces aires dépend de la théorie de l'ellipse et n'offre aucune difficulté ; la seconde rentre évidemment dans la classe des aires, auxquelles la règle dite de Guldin est applicable ; on l'obtient en multipliant par l la demi-somme des deux arcs.

L'aire totale de la toroïde ou son débouché surpasse, comme on doit s'y attendre, le débouché de l'ellipse qui offrirait même montée et même ouverture. La différence est mesurée par le produit de l et de l'excès de la longueur de l'ellipse intérieure , ayant pour demi-axes m, n, sur la longueur de la circonférence du rayon $\frac{1}{2}(m+n)$.

La figure 9 présente le tracé d'une toroïde. On a $OF = OG = \frac{1}{2}(m+n)$ $FD = \frac{1}{2}(m+n)$, $ET = l$. Le point O est fixe, D est assujetti à demeurer sur la ligne des naissances prolongée au besoin ; le prolongement de ET passe constamment en G. La description de la courbe a donc lieu par le moyen d'un point T, qu'on peut regarder comme attaché à une droite rigide s'articulant en E sur FD, et passant constamment au point G. De même, FD, OG peuvent être regardés comme deux autres droites rigides articulées, la première en F, milieu de OG, et seconde au point O, qui est fixe. Il suffira que le point D glisse sur la ligne des naissances, pour que le point T décrive la toroïde. Le point

E décrira en même temps l'ellipse intérieure, et *'a droite* TE *demeu-*
rera constamment normale à l'une et à l'autre courbe. Elle servirait
donc, au besoin, à *tracer les joints des voussoirs.*

Remplacez maintenant l'assemblage de droites rigides par un instrument composé de trois règles; la toroïde pourra être décrite d'*un*
mouvement continu, sans exiger un espace plus grand que le rectangle
ayant pour base $2(n+l)$ et pour hauteur $m+l$. Il est bon de remarquer qu'un *tire-ligne* attaché au T conservera ses lames exactement
dans le sens du *trait*, une fois qu'elles y auront été mises pour l'un
quelconque des points de la courbe. On aura ainsi un tracé semblable,
sous le rapport de la netteté, à celui d'un plein cintre.

La toroïde représentée figure 9 a été choisie de manière que le rapport des rayons principaux y soit le même que dans l'ellipse de même
montée et ouverture. Dans ce cas, la construction des lignes m, n, se
fait très-commodément; car elle consiste simplement à porter sur la
ligne de montée, à partir et au-dessous du sommet M, $MH = ON$, à
joindre le point H ainsi obtenu aux deux angles O' O_l du rectangle circonscrit à la courbe; les intersections I', I_l de ces droites avec les diagonales MN, MN_l, sont les sommets du rectangle circonscrit à l'ellipse
intérieure.

Comparée aux anses de panier de Perronet, la toroïde donne un peu
moins de débouché; c'est donc un type qui laisse encore quelque chose
à désirer; néanmoins, les partisans des courbes proprement dites
pourront l'appliquer avec plus de succès que l'ellipse. La possibilité
bien démontrée d'en effectuer la description d'*un trait continu*, sans
avoir besoin de chercher des centres au-dessous de la ligne des naissances, sera peut-être de quelque prix aux yeux des ingénieurs. Obser-
vons qu'il ne s'agit pas seulement d'un tracé de cabinet : l'instrument
pour décrire la courbe sera établi à peu de frais par le premier menui-
sier venu, de manière à donner la toroïde en vraie grandeur lorsque
les arches n'auront pas plus de 10 mètres d'ouverture, et par des arti-
fices qu'il est aisé d'imaginer on irait au delà de cette dimension.

Tracés formés de portions de spirales.

On a cherché dans les diverses courbes connues sous le nom de *spi-*

rales des types pour la description des voûtes; alors chacune des moitiés de l'intrados est formée d'un arc ayant ses tangentes perpendiculaires entre elles. Notre intention n'est pas d'examiner toutes les spirales dont les géomètres ont étudié les propriétés; nous nous proposons seulement de montrer qu'on n'a pas été heureux dans les choix qui ont été faits jusqu'à présent parmi les *spirales*.

Spirale développante du cercle.

La figure 10 montre l'arc de développante appliqué au tracé d'une demi-voûte. M est le sommet, N l'une des naissances, et les tangentes MO′, NO′ se rencontrent en O′ à angle droit; les normales MO, NO touchent en C, *c* la circonférence développée.

Cherchons, en premier lieu, quelles sont les limites du surbaissement. Nous aurons, en conservant les notations précédemment adoptées, et en nommant *a* le rayon SR

$$x = \frac{\left(\frac{\pi}{2} - 1\right) a + r}{a + r},$$

et comme $\frac{\pi}{2} - 1$ est moindre que l'unité, la valeur *minimum* de x a lieu lorsque $r = o$, c'est-à-dire lorsque la naissance est au point de *rebroussement* de la spirale; ce minimum de x est donc $\frac{\pi}{2} - 1 = 0.5708$. La limite *absolue* des surbaissements, qui est égale à la moitié de ce nombre, a donc pour valeur 0.2854.

Il est nécessaire que le rayon de courbure de la naissance soit au moins égal à celui de l'ellipse. Posons, en général, $r > \dfrac{\left[\left(\frac{\pi}{2} - 1\right) a + r\right]^2}{a + r}$, il vient $\left(\frac{\pi}{2} - 1\right)^2 a + (\pi - 3) r < o$, relation impossible : la condition relative à la naissance ne sera donc jamais remplie.

Le rayon principal R devant être égal ou supérieur à celui de l'ellipse, par là on a la relation $r > a \cdot \dfrac{5 - (\pi - 1)^2}{4 (\pi - 3)}$, ce qui correspond à $x = \dfrac{4 - \pi}{\pi - 2}$, ou au surbaissement 0.376.

Spirale logarithmique.

L'expression du rayon ρ de cette courbe mené d'un de ses points au pôle P, figure 11, est $\rho = e^{k\omega}$, e désignant la base des logarithmes népériens, ω l'angle formé par le rayon PN avec une ligne fixe PF menée par le pôle, et k un paramètre à déterminer suivant les circonstances.

Rappelons d'abord que cette spirale jouit, entre autres propriétés, des suivantes, qui vont nous être utiles. La normale NO fait avec le rayon PN un angle constant ayant k pour tangente trigonométrique; le point c, où cette normale est rencontrée par la perpendiculaire Pc, élevée au pôle sur le rayon PN, est le centre de la courbure au point N.

Soit maintenant MO' une tangente perpendiculaire sur NO', il résulte des propriétés ci-dessus que le point M se trouve sur le prolongement de Pc, et que le centre de la courbure de ce sommet se trouve en C sur le prolongement de NP. Nommant donc x, comme on l'a déjà fait, le rapport de la montée MO de l'arc MN à la demi-ouverture NO, on obtient sans difficulté

$$x = \frac{e^{\frac{k\pi}{2}} - k}{ke^{\frac{k\pi}{2}} + 1} \quad \text{ou} \quad e^{\frac{k\pi}{2}} = \frac{x + k}{1 - kx}.$$

Lorsque la valeur de x est donnée, celle de k dépend d'une équation transcendante, *qui a toujours une racine réelle et positive comprise entre zéro et* $\frac{1}{x}$. Il est donc toujours possible de trouver une valeur de k telle que l'arc de la spirale qui en résulte, compris entre deux rayons PN, PM, perpendiculaires entre eux, présente le surbaissement $\frac{1}{2} x$. Comparons maintenant les rayons de courbure du sommet et de la naissance à ceux de l'ellipse : on voit aisément qu'il faut satisfaire aux deux inégalités simultanées

$$\rho e^{\frac{k\pi}{2}} \sqrt{1+k^2} > \frac{\frac{\rho^2 (ke^{\frac{k\pi}{2}} + 1)^2}{1+k^2}}{\frac{\rho(e^{\frac{k\pi}{2}} - k)}{\sqrt{1+k^2}}}, \quad \rho\sqrt{1+k^2} > \frac{\frac{\rho^2 (e^{\frac{k\pi}{2}} - k)^2}{1+k^2}}{\frac{\rho(ke^{\frac{k\pi}{2}} + 1)}{\sqrt{1+k^2}}},$$

où chaque premier membre est l'expression du rayon de courbure de la spirale, et le second celle du rayon qu'on aurait si, à l'arc de spirale, on substituait un quart d'ellipse. Toutes réductions faites, et après avoir remplacé $e^{\frac{k\pi}{2}}$ par sa valeur $\frac{x+k}{1-kx}$, les deux inégalités ci-dessus deviennent finalement

$$k > \frac{1}{x} - x \text{ et } k < \frac{1}{x} - x.$$

Ces deux résultats contradictoires montrent que la spirale logarithmique ne peut satisfaire aux conditions de courbure convenables.

Ce qui vient d'être dit sur la spirale développante du cercle et la spirale logarithmique montre que l'idée d'y chercher des types pour l'intrados des voûtes surbaissées n'est pas heureuse. On trouverait peut-être mieux en essayant d'autres courbes du même genre, mais nous ne pousserons pas ces recherches plus loin.

Tracés cycloïdaux.

Nous appelons ainsi les courbes étudiées par MM. Kermaingant et Montluisant dans la 2e collection lithographique des ponts et chaussées. Un cercle se meut en *glissant* tangentiellement à la ligne des naissances; pendant ce mouvement, un point de la circonférence la parcourt avec une vitesse qui dépend, par une loi quelconque, de celle qu'on imprime au centre du cercle. Il est clair que le point mobile décrit ainsi des courbes de montée et d'ouverture données; mais les conditions de courbure concernant les naissances et le sommet ne paraissent point, dans ce système, pouvoir être remplies facilement, du moins lorsque les deux mouvements simultanés sont de ceux qui s'expriment simplement. Il arrive surtout que le rayon de la naissance est nul, comme dans la cycloïde proprement dite. Nous bornerons là nos remarques sur ces courbes.

TABLEAU I. — RAPPORT DU PLUS GRAND RAYON A LA DEMI-OUVERTURE,
RÉSULTANT DES DIVERSES COMBINAISONS DE LA CARACTÉRISTIQUE
ET DU SURBAISSEMENT.

SURBAISSEMENT ou rapport de la montée à l'ouverture.	0.30	0.33	0.36	0.39	0.42	0.45	0.48	0.51	0.54	0.57
0.20	3.00	2.79	2.60							
0.21	2.93	2.73	2.55	2.43						
0.22	2.87	2.67	2.50	2.38						
0.23	2.80	2.61	2.44	2.33	2.23					
0.24	2.73	2.55	2.39	2.28	2.19					
0.25	2.67	2.49	2.34	2.23	2.14	2.06				
0.26	2.60	2.43	2.28	2.18	2.09	2.02				
0.27	2.53	2.37	2.23	2.13	2.05	1.98	1.92			
0.28	2.47	2.31	2.18	2.08	2.00	1.93	1.88			
0.29	2.40	2.25	2.12	2.03	1.96	1.89	1.84	1.79		
0.30	2.33	2.19	2.07	1.98	1.91	1.85	1.80	1.75		
0.31	2.27	2.13	2.02	1.93	1.87	1.81	1.76	1.71	1.68	
0.32	2.20	2.07	1.96	1.88	1.82	1.77	1.72	1.67	1.64	
0.33		2.01	1.91	1.84	1.78	1.72	1.68	1.64	1.60	1.54
0.34		1.95	1.85	1.79	1.73	1.68	1.64	1.60	1.57	1.50
0.35			1.80	1.74	1.68	1.63	1.60	1.56	1.53	1.47
0.36			1.75	1.69	1.64	1.60	1.56	1.52	1.50	1.44
0.37				1.64	1.59	1.55	1.52	1.48	1.46	1.41
0.38				1.59	1.55	1.51	1.48	1.45	1.43	1.38
0.39					1.50	1.47	1.44	1.41	1.39	1.35
0.40					1.46	1.43	1.40	1.37	1.36	1.31
0.41					1.38	1.36	1.34	1.32	1.28	1.25
0.42					1.34	1.32	1.30	1.28	1.25	1.22
0.43						1.28	1.26	1.25	1.22	1.19
0.44						1.24	1.22	1.21	1.19	1.16
0.45							1.19	1.18	1.16	1.14
0.46							1.16	1.14	1.13	1.11
0.47								1.11	1.09	1.08
0.48								1.07	1.06	1.05
0.49									1.03	1.03
0.50									1.00	1.00

REMARQUES DIVERSES.

Les valeurs du rapport du plus grand rayon à la demi-ouverture contenues dans ce tableau sont calculées avec une approximation variable, suivant la caractéristique, le surbaissement et le nombre des centres. La plus grande différence n'atteint pas 0.07. Si l'on voulait connaître exactement ce rapport, on le calculerait par la formule $w + K(1-x)$, dans laquelle K est le multiplicateur qu'on trouve dans les tableaux suivants, et x le double du surbaissement, ou le rapport de la montée à la demi-ouverture.

COURBES à trois centres caractéristique = $\frac{1}{\sqrt{3}}$

Le rapport du rayon principal à la demi-ouverture est assigné dans la portion de colonne ci-contre, pour les courbes à trois centres, avec toute la précision que comporte l'emploi de deux décimales.

TABLEAU II. — ANSES DE PANIER

CARACTÉRISTIQUE. 0.577350	CENTRES..................... $OC_1 = 0.577350$
MULTIPLICATEURS.. $\begin{cases} F = 0.422649 \\ K = 2.366003 \end{cases}$	RAYONS..................... $CC_1 = 1.154701$
ANGLES......... $\begin{cases} 1^{er}... & MCM_1 = 30° \\ 2^e... & M_1C_1N_1 = 60° \end{cases}$	COORDONNÉES DES POINTS DE RÉUNION OU DE CONTACT DES DIFFÉRENTS ARCS. $\begin{cases} M_1Q_1..... \begin{cases} u = 0.577350 \\ v = 0.500000 \end{cases} \\ M_1P_1 (u=0) v = 0.866025 \end{cases}$

TABLEAU III. — ANSES DE PANIER

CARACTÉRISTIQUES.			0.36	0.39	0.42	0.45
MULTIPLICATEURS...............	$\begin{cases} F \\ K \end{cases}$		0.280644 3.563231	0.298008 3.355615	0.314658 3.178054	0.330636 3.024474
ANGLES..............	$\begin{cases} 1^{er}.. & MCM_1 \\ 2^e.. & M_1C_1M_2 \\ 3^e.. & M_2C_2N_1 \end{cases}$		13°29'44".70 22 15 29 .30 54 14 46 »	14°34'27". » 23 22 48 .20 52 2 44 .80	15°38'32".10 24 23 16 .80 49 58 11 .10	16°41'57".20 25 17 16 .80 48 » 46 »
RAYONS (valeurs de u; $v=1$)	$\begin{cases} 1^{er}.. & CM \\ 2^e.. & C_1M_1 \end{cases}$		1.079356 0.308058	1.091992 0.317057	1.105342 0.326497	1.119364 0.336341
CENTRES (valeurs de u; $v=0$) Voir la dernière colonne.	$\begin{cases} 1^{er}.. & C_1T_1 \\ 2^e.. & OC_2 \end{cases}$		0.180000 0.360000	0.195000 0.390000	0.210000 0.420020	0.225000 0.450000
COORDONNÉES DES POINTS DE RÉUNION OU DE CONTACT DES DIFFÉRENTS ARCS.	$1^{er}. M_1 \begin{cases} M_1Q_1.... \\ M_1P_1.... \end{cases}$ $2^e. M_2 \begin{cases} M_2Q_2.... \\ M_2P_2(u=0) \end{cases}$	$\begin{matrix} u \\ v \\ u \\ v \\ u \\ v \\ v \end{matrix}$	0.251892 0.233373 0.049552 0.972387 0.360000 0.584305 0.811534	0.274782 0.251634 0.056855 0.967822 0.390000 0.615032 0.788502	0.298033 0.269630 0.064405 0.962964 0.420000 0.643192 0.765705	0.321647 0.287348 0.072156 0.957826 0.450000 0.668965 0.743294
DÉVELOPPEMENT DES ARCS D'INTRADOS.	$\begin{cases} 1^{er} arc. & MM_1.... \\ 2^e arc. & M_1M_2.... \\ 3^e arc. & M_2N_1, (u=0) v \\ arc entier & MM_1M_2N_1 \end{cases}$	$\begin{matrix} u \\ v \\ u \\ v \\ v \\ u \\ v \end{matrix}$	0.254237 0.235545 0.119674 0.388478 0.946773 0.373911 1.570796	0.277767 0.254367 0.129378 0.408059 0.908370 0.440742 1.570796	0.301768 0.273009 0.138972 0.425647 0.872137 0.474693 1.570796	0.326246 0.291457 0.148447 0.441359 0.837981 0.949386 1.570796
SURFACE DU DÉBOUCHÉ OMN........	$\begin{cases} u \\ v \end{cases}$		0.020639 0.785398	0.025920 0.785398	0.031965 0.785398	0.038808 0.785398

A TROIS CENTRES. — Figure 4.

DÉVELOPPEMENT DES ARCS D'INTRADOS.	1er..... MM$_1$	$\begin{cases} u = 0.604600 \\ v = 0.523599 \end{cases}$	Voir à la page 40 les formules relatives au système d'Huygens, lesquelles sont de la plus grande simplicité en y laissant subsister l'irrationnelle $\sqrt{3}$.
	2e. M$_1$N$_1$ $(u = 0)$	$v = 1.047197$	
	arc entier MM$_1$N$_1$	$\begin{cases} u = 1.209200 \\ v = 1.570796 \end{cases}$	
SURFACE DU DÉBOUCHÉ........... OMN		$\begin{cases} u = 0.060391 \\ v = 0.785398 \end{cases}$	

A CINQ CENTRES. — Figure 5.

0.48	0.51	0.54	0.57	REMARQUES DIVERSES.
0.345981 2.890332	0.360729 2.772163	0.374913 2.667285	0.388564 2.574579	L'usage des nombres F, K est indiqué à la page 4.
17°44′40″.70 26 5 10 .40 46 10 8 .90	18°46′40″.90 26 47 21 .30 44 25 57 .80	19°47′56″. » 27 24 13 .30 42 47 50 .70	20°48′24″.40 27 56 10 .40 41 15 25 .20	Ces angles doivent être portés directement sur l'épure sans aucun calcul.
1.134019 0.346555	1.149271 0.357106	1.165087 0.367967	1.181436 0.379111	Voir à la page 9 le type du calcul des rayons.
0.480000 0.240000	0.510000 0.255000	0.540000 0.270000	0.570000 0.285000	ORDONNÉES COMMUNES $\begin{cases} CO..... 1.000 000 \\ C_1S_1. ... 0.250 000 \end{cases}$ Voir pour l'expression des coordonnées des centres en fractions ordinaires plus simples la page 14.
0.345621 0.304776 0.080067 0.952424 0.480000 0.692532 0.721387	0.369954 0.321903 0.088098 0.946773 0.510000 0.714073 0.700071	0.394638 0.338719 0.096216 0.940887 0.540000 0.733761 0.679408	0.419667 0.355218 0.104387 0.934784 0.570000 0.751759 0.659438	Voir à la page 10 le type de calcul des coordonnées des extrémités d'un arc.
0.351208 0.309702 0.157783 0.455291 0.805803 0.508995 1.570796	0.376660 0.327738 0.166969 0.467561 0.775498 0.543629 1.570796	0.402603 0.345556 0.175993 0.478285 0.746956 0.578591 1.570796	0.429035 0.363147 0.184846 0.487579 0.720070 0.613882 1.570796	Voir à la page 10 le type du calcul pour le développement d'un arc.
0.046479 0.785398	0.055005 0.785398	0.064413 0.785398	0.074726 0.785398	Le type du calcul de la surface du débouché est à la page 11.

8

TABLEAU IV. — ANSES DE PANIER   A SEPT CENTRES. — Figure 3.

CARACTÉRISTIQUES.		0.33	0.36	0.39	0.42		0.45	0.48	0.51	0.54	REMARQUES DIVERSES.
MULTIPLICATEURS	V	0.255168	0.274401	0.288805	0.304720		0.319892	0.334459	0.348458	0.361923	L'usage des nombres V, K est indiqué à la page 4.
	K	3.918087	3.671018	3.464345	3.281701		3.128803	2.989503	2.869686	2.763019	
ANGLES	1°.. M_1CM_1	9°23'10".	10°12'14".20	11° 3' 3".20	11°54'35".20		12°46'49".30	13°39'44".60	14°18'20".	15° 6'34".40	Ces angles donnent leur juste fractionner sur figure sans aucun calcul.
	2°.. M_1CM_2	13 2 41.40	14 1 25.40	14 57 18.10	15 53 16.80		16 49 38.60	17 28 4.90	18 12 42.10	18 54 35.30	
	3°.. M_2CM_3	22 17 50.10	22 58 29.30	23 29 24.86	23 51 47.60		24 4 48.30	24 15 30.30	24 18 50.90	24 17 29.40	
	4°.. M_3CN_3	45 17 16.50	42 47 10.60	40 31 13.90	38 26 14.30		36 31 43.80	34 46 50.30	33 10 6.30	31 41 11.	
RAYONS (valeurs de r; cas 1)	1°.. CM	1.074831	1.087566	1.101005	1.115280		1.130108	1.145541	1.161542	1.178057	Voir à la page 6 le type du calcul des rayons.
	2°.. CM_2	0.511705	0.523113	0.535605	0.547606		0.560064	0.574910	0.588268	0.602623	
	3°.. CM_3	0.134015	0.140178	0.146383	0.152200		0.160901	0.168908	0.174027	0.181313	
COORDONNÉES DES CENTRES (valeurs de u; v = 0)	$t_{...}$ C_1T_1	0.091867	0.100606	0.108333	0.116667		0.125000	0.133333	0.141667	0.150000	Voir pour l'épreuve des coordonnées des centres un tableau renfermant plus complet. la page 11.
	$t_{...}$ C_2T_2	0.235714	0.257143	0.278571	0.300000		0.321429	0.342857	0.364286	0.385714	
	$t_{...}$ OC_3	0.350000	0.350000	0.390000	0.430000		0.450000	0.480000	0.510000	0.540000	
COORDONNÉES DES POINTS DE RACCORD DE M. CERCLES ET A DIFFÉRENTS AXES	1°.. M_1 M_1Q_1	0.174083	0.192671	0.210711	0.229809		0.248073	0.267358	0.287009	0.307084	Voir à la page le type du calcul des coordonnées des extrémités d'un arc.
		0.162790	0.177153	0.191395	0.205517		0.215542	0.233373	0.247003	0.260866	
	M_1P_1	0.060493	0.073595	0.087039	0.094473		0.102545	0.113910	0.123325	0.137350	
		0.086056	0.084183	0.081943	0.078953		0.075619	0.072387	0.068902	0.065429	
	2°.. M_2 M_2Q_2	0.286819	0.314657	0.342804	0.371413		0.399672	0.428761	0.457483	0.487154	
		0.381331	0.410395	0.438202	0.464834		0.490361	0.514466	0.537557	0.559475	
	M_2P_2	0.094031	0.032594	0.035592	0.040405		0.044217	0.047957	0.051349	0.055043	
		0.094439	0.061921	0.898576	0.685108		0.871575	0.857493	0.843227	0.828849	
	3°.. M_3 M_3Q_3	0.330000	0.360000	0.390000	0.420000		0.450000	0.480000	0.510000	0.540000	
	$M_3P_3(u=0)$	0.703563	0.733761	0.760173	0.783289		0.803555	0.821370	0.837068	0.850936	
		0.719731	0.679496	0.649721	0.621658		0.595298	0.570396	0.547168	0.525960	
DÉVELOPPEMENT DU L'ENTRADOS	1° arc. MM_1	0.175765	0.195003	0.212653	0.230854		0.250109	0.269826	0.290013	0.310673	Voir à la page 6 le type du calcul du développement à partir des développements d'un arc.
	2° arc. M_1M_2	0.193558	0.178002	0.192583	0.207092		0.221514	0.236545	0.249629	0.263711	
		0.116531	0.128038	0.139602	0.151388		0.163105	0.175002	0.186967	0.198800	
	3° arc. M_2M_3	0.227985	0.344102	0.201014	0.279455		0.291075	0.304875	0.317859	0.330038	
	4° arc. $M_3N_3(u=0)$	0.382153	0.050210	0.060050	0.063807		0.067330	0.070603	0.073872	0.079879	
		0.380160	0.400887	0.405082	0.416492		0.426830	0.435389	0.434300	0.424013	
	arc entier. $M_3N_3(u=0)$	0.790423	0.749055	0.707215	0.670857		0.637348	0.608088	0.578898	0.553032	
		0.334430	0.377941	0.411811	0.446049		0.480643	0.515581	0.503852	0.586442	
		1.570796	1.570796	1.570796	1.570796		1.570796	1.570796	1.570796	1.570796	
SURFACE DU DÉBOUCHÉ OMN	M	0.019276	0.023235	0.028081	0.035028		0.043656	0.051346	0.060594	0.070610	Le type du calcul de la surface du débouché est à la page 11.
	U	0.785398	0.785398	0.785398	0.785398		0.785398	0.785398	0.785398	0.785398	

TABLEAU V. — ANSES DE PANIER   A ONZE CENTRES. — Figure 1.

CARACTÉRISTIQUES.		0.30	0.33	0.36	0.39	0.42	0.45	0.48	0.51	REMARQUES DIVERSES.
MULTIPLICATEURS	F	0.330653	0.247649	0.264263	0.279858	0.294983	0.309370	0.323191	0.336452	L'usage des nombres F, k est indiqué à la page 1
	k	4.335399	4.634715	3.784189	3.571928	3.390086	3.233281	3.094446	2.972191	
ANGLES	1°.. MCM₁	5°49'38".10	6°15'38".30	6°46'34"..	7°24'24".90	7°58'10".60	8°34'50".90	9°.. 5'20"..	9°38'53"..	Ces angles doivent être partés directement sur l'épure côte serrée calcul.
	2°.. M₁C₁M₂	6 58 11 .30	7 37 35 .50	8 16 . .50	8 53 50 .20	9 30 64 .70	10 7 7 .50	10 42 34 ..	11 17 .. .70	
	3°.. M₂C₂M₃	9 7 45 .70	9 50 58 .30	10 34 53 .10	11 16 12 .80	11 45 50 .30	12 18 51 .20	12 49 13 .30	13 17 1 .80	
	4°.. M₃C₃M₄	13 11 26 .20	13 50 48 .60	14 23 21 .30	14 49 40 ..	15 16 80 .80	15 36 .. .40	15 57 13 .60	15 44 33 .90	
	5°.. M₄C₄M₅	21 19 4 .50	41 11 7 .10	20 54 54 .60	20 33 53 .20	20 6 55 .40	19 38 25 .30	19 8 25 .60	18 37 42 .00	
	6°.. M₅C₅N	33 41 24 .20	31 13 6 .30	29 3 16 .00	27 8 58 .90	25 27 48 ..	23 37 44 .80	22 37 11 .50	21 24 46 .70	
RAYONS Valeurs de n ; en θ,	1°.. CM	1.069337	1.021431	1.005737	1.110042	1.125017	1.146921	1.156809	1.173548	Voir à la page 1 le type du calcul des rayons.
	2°.. C₁M₁	0.707542	0.719880	0.733154	0.747013	0.761606	0.776603	0.792230	0.808584	
	3°.. C₂M₂	0.408071	0.413871	0.428371	0.437480	0.449976	0.462363	0.476119	0.489245	
	4°.. C₃M₃	0.177367	0.184002	0.192989	0.201931	0.200836	0.218638	0.227659	0.236866	
	5°.. C₄M₄	0.045069	0.048234	0.051478	0.054786	0.058148	0.061555	0.065000	0.068477	
COORDONNÉES des centres Valeurs de n ; n = Ω, Voir la deuxième colonne	C₁.. C₁T₁	0.036000	0.043200	0.043290	0.046800	0.050400	0.054000	0.057600	0.061200	
	C₂.. C₂T₂	0.102857	0.113143	0.123428	0.133714	0.144000	0.145285	0.164571	0.174857	
	C₃.. C₃T₃	0.186667	0.205333	0.224000	0.242667	0.261333	0.280000	0.298667	0.317333	
	C₄.. C₄T₄	0.292500	0.298706	0.315000	0.342250	0.367500	0.402500	0.420000	0.446250	
	C₅.. ΩC₅	0.360000	0.370000	0.380000	0.390000	0.410000	0.450000	0.480000	0.510000	
COORDONNÉES des points m₁, m₂, etc., sur le contact 7 des différents arcs	1°. M₁ {	0.106403	0.118325	0.130552	0.143104	0.155681	0.169290	0.182765	0.196691	
	{	0.003504	0.105341	0.110145	0.128915	0.139648	0.148541	0.157891	0.167498	
	2°. M₂ {	0.064030	0.075065	0.087032	0.100707	0.114151	0.125308	0.142280	0.158049	
	{	0.075057	0.004094	0.098377	0.091604	0.090393	0.088030	0.087441	0.085686	
	M₃Q₃ {	0.129314	0.212576	0.234368	0.256514	0.279108	0.302338	0.325844	0.350801	
	{	0.219542	0.269851	0.200656	0.280737	0.300446	0.319770	0.334719	0.357257	
	3°. M₃ {	0.050985	0.056892	0.067808	0.079071	0.063383	0.099810	0.103399	0.115005	
	{	0.975810	0.970711	0.966489	0.960525	0.953798	0.947492	0.940887	0.934006	
	M₃P₃ {	0.368267	0.379825	0.397199	0.333519	0.368857	0.392489	0.421386	0.450527	
	{	0.373391	0.402709	0.432731	0.461353	0.489063	0.514490	0.539654	0.568316	
	4°. M₄ {	0.031292	0.035005	0.090025	0.048229	0.049745	0.054148	0.058417	0.063546	
	{	0.924477	0.915315	0.901383	0.887317	0.872506	0.857495	0.842271	0.820999	
	M₄P₄ {	0.288346	0.318177	0.348110	0.374124	0.406199	0.438324	0.468486	0.498075	
	{	0.573492	0.610694	0.643102	0.673041	0.699849	0.724138	0.745033	0.765578	
	5°. M₅Q₅ {	0.111923	0.013218	0.014417	0.015521	0.016406	0.017495	0.018292	0.019055	
	{	0.819259	0.792299	0.765705	0.739005	0.714913	0.680655	0.660016	0.643343	
	M₅P₅ {	0.300000	0.330000	0.360000	0.390000	0.420000	0.450000	0.480000	0.510000	
	M₅P₅(θ=Ω) {	0.832056	0.855198	0.874157	0.898817	0.902863	0.913812	0.923077	0.930973	
	{	0.554700	0.518392	0.485643	0.450317	0.429935	0.405138	0.384618	0.365088	

SUITE DU TABLEAU V. — ANSES DE PANIER   A ONZE CENTRES. — Figure 1.

CARACTÉRISTIQUES.		0.30	0.33	0.36	0.39	0.42	0.45	0.48	0.51	REMARQUES DIVERSES.
DÉVELOPPEMENT des arcs successifs	1ʳᵉ... MM. { u	0.105579	0.118560	0.130883	0.143503	0.156485	0.169827	0.183534	0.197614	Voir à la page où le type de calcul pour le développement d'un arc.
	v	0.090608	0.109500	0.119428	0.129275	0.139006	0.148890	0.158505	0.168300	
	2ᵉ... M₁M₂ { u	0.080570	0.095804	0.105793	0.116001	0.126071	0.137151	0.148068	0.159868	
	v	0.181646	0.133005	0.144283	0.155287	0.166071	0.176806	0.186001	0.195040	
	3ᵉ... M₂M₃ { u	0.064190	0.071157	0.078187	0.085278	0.098388	0.099506	0.106602	0.113602	
	v	0.159102	0.171882	0.183808	0.194957	0.205581	0.214924	0.223757	0.231847	
	4ᵉ... M₃M₄ { u	0.040820	0.045700	0.048450	0.052083	0.055305	0.058808	0.063000	0.069083	
	v	0.230720	0.241671	0.251140	0.258794	0.256800	0.269054	0.272085	0.274703	
	5ᵉ... M₄M₅ { u	0.016769	0.017855	0.018791	0.019646	0.020415	0.021101	0.021714	0.022264	
	v	0.372068	0.380755	0.365038	0.338632	0.331080	0.342780	0.334004	0.325139	
	6ᵉ... M₅N, (u = 0) v	0.588002	0.544865	0.507099	0.473852	0.444410	0.418224	0.394791	0.373727	
	arc entier M	0.314388	0.348036	0.382082	0.416515	0.451317	0.486478	0.521984	0.557426	
	MM₁M₂M₃M₄M₅N b	1.570796	1.570796	1.570796	1.570796	1.570796	1.570796	1.570796	1.570796	
SURFACE DE DÉBOUCHÉ OMN...... { u	0.015554	0.020241	0.025028	0.031903	0.036063	0.047027	0.055889	0.065671	Le type du calcul de la surface de débouché est à la page 17.
	v	0.785398	0.785398	0.785398	0.785398	0.785398	0.785398	0.785398	0.785398	

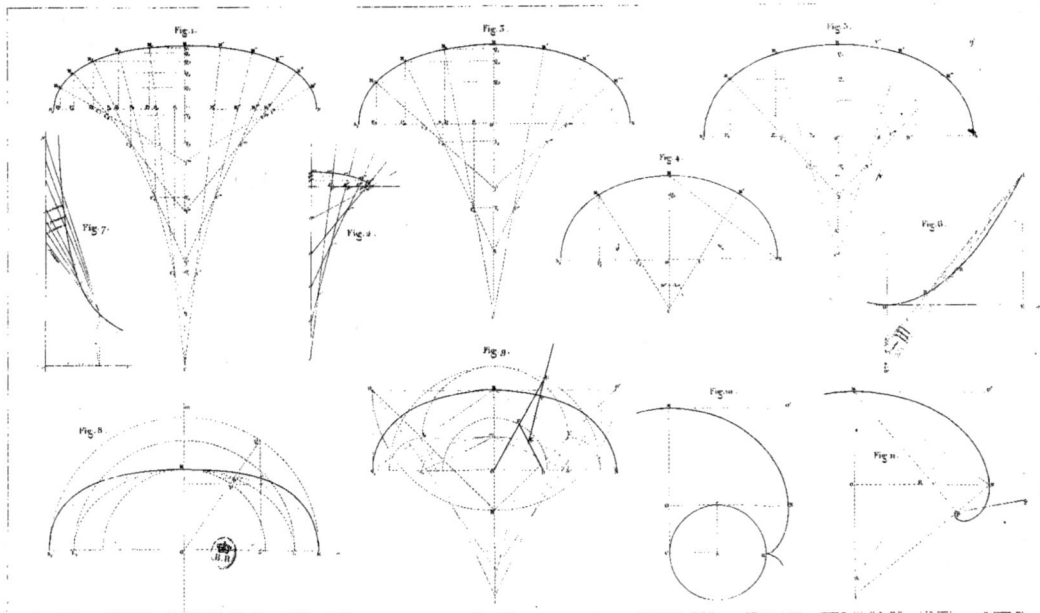

www.ingramcontent.com/pod-product-compliance
Lightning Source LLC
Chambersburg PA
CBHW071251200326
41521CB00009B/1714